身边的科学

文具箱里的科学

丁晗 刘鹤◎编著　杨洋◎绘

吉林科学技术出版社

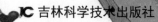

图书在版编目（CIP）数据

文具箱里的科学 / 丁晗，刘鹤编著；杨洋绘 . ——
长春：吉林科学技术出版社，2021.12
（身边的科学）
ISBN 978-7-5578-8436-9

Ⅰ．①文… Ⅱ．①丁… ②刘… ③杨… Ⅲ．①文化用
品—少儿读物 Ⅳ．① TS951-49

中国版本图书馆 CIP 数据核字 (2021) 第 153724 号

身边的科学：文具箱里的科学
SHENBIAN DE KEXUE:WENJUXIANG LI DE KEXUE

编　著	丁　晗　刘　鹤
绘　者	杨　洋
出 版 人	宛　霞
责任编辑	吕东伦　石　焱
书籍装帧	吉林省禹尧科技有限公司
封面设计	吉林省禹尧科技有限公司
幅面尺寸	167 mm×235 mm
开　　本	16
字　　数	130 千字
页　　数	128
印　　张	8
印　　数	1-7000 册
版　　次	2021 年 12 月第 1 版
印　　次	2021 年 12 月第 1 次印刷

出　　版	吉林科学技术出版社
发　　行	吉林科学技术出版社
地　　址	长春净月高新区福祉大路 5788 号出版大厦 A 座
邮　　编	130118
发行部电话 / 传真	0431-81629529　81629530　81629531
	81629532　81629533　81629534
储运部电话	0431-86059116
编辑部电话	0431-81629380
印　　刷	三河市天润建兴印务有限公司

书　　号	ISBN 978-7-5578-8436-9
定　　价	29.80 元

主要人物介绍：

奇奇是某科学小学的学生，热爱科学，善于思考。

L博士是某科学实验室的科研人员。她热爱科学，喜欢孩子。

这本书主要包括三部分内容：

第一部分

文具的制作流程。介绍文具的基本制作过程和关键环节。

第二部分

知识小贴士。提示小读者文具在制作过程中需要掌握的技巧或其中包含的科学知识。

第三部分

附录。如果在正文当中碰到了不太懂的专有名词，可以到附录中学习。

简 介

每个孩子的心里都生有一份好奇。他们会问各种各样的问题，大到宇宙爆炸，小到微生物繁殖，这正体现出孩子们对科学知识的渴求。因此，我们尝试改变人们对科普图书深奥、刻板的印象，从身边的食物和物品入手，以图文并茂的形式呈现最轻松、有趣的科普知识。

目　录

奇奇的妈妈每天晚上都要削铅笔。奇奇问妈妈累不累，妈妈笑着回答："不累呀！现在都是用削笔刀或削笔器削铅笔，很省力。我们小时候是用小刀片削铅笔。那时候，削铅笔可是门技术活。既要保证把铅笔削尖，又不能削断。我还因为削铅笔伤过手呢！"妈妈陷入了儿时的回忆中……铅笔，陪伴着一代又一代人的童年，引领着人们步入知识的殿堂！那铅笔是怎么做成的呢？一起看看吧！

铅笔主要分成两部分：笔杆和铅芯。首先看看铅芯的制作流程。

原料：石墨、黏土、水。

1. 搅拌

向水中加入一定量的黏土，搅拌成均匀的黏土液备用。

2. 加石墨

将石墨倒入黏土液中，继续搅拌。

Tips：不同的石墨、黏土配比决定铅芯颜色的深浅和硬度。石墨多的铅芯颜色深且比较软，黏土多的铅芯颜色浅且比较硬。根据国家标准，铅笔的笔芯按照硬度分为 13 个等级。其中，H 代表硬度 (hardness)，B 代表黑度 (black)。铅笔硬度等级：6B、5B、4B、3B、2B、B、HB、H、2H、3H、4H、5H、6H、7H、8H、9H，从软到硬，颜色由深到浅。

3. 除杂质

将石墨黏土混合液倒入机器中，进行杂质的筛除。

4. 二次搅拌

二次搅拌使其更为均匀。

5. 加热

将液体倒入 100℃ 的滚筒中，蒸发掉水分。

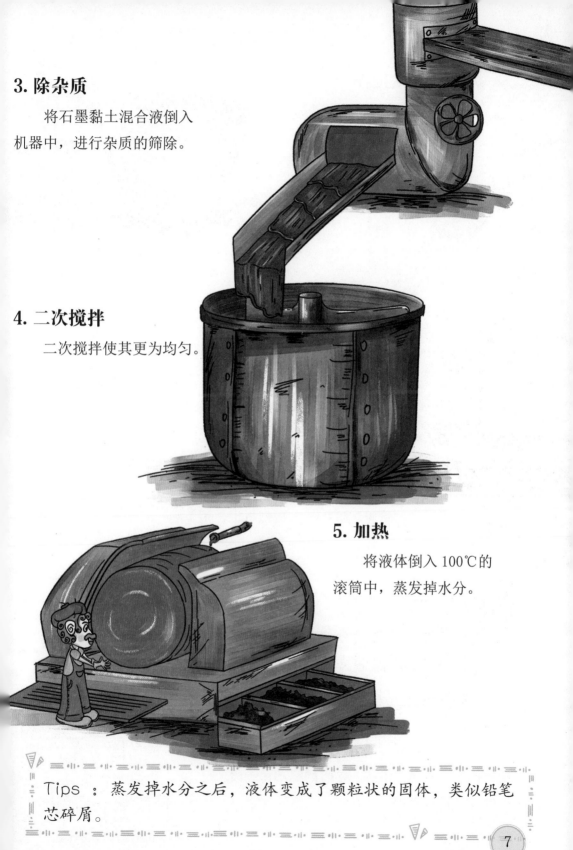

Tips：蒸发掉水分之后，液体变成了颗粒状的固体，类似铅笔芯碎屑。

6. 三次搅拌

在颗粒中加入适量的水，继续搅拌。

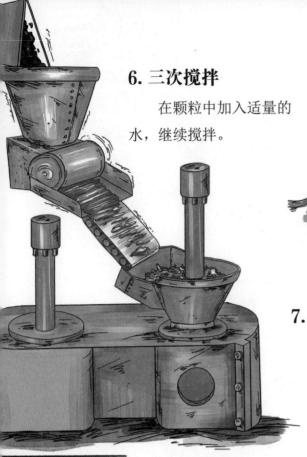

7. 成膜

用机器将黏稠的液体挤压成膜。

8. 固化

将膜状液体放入成型机中，用2吨左右的压力对膜状液施压，使其固化成块。

9. 挤压

向块状的材料持续施压，使机器下方的出铅口持续不断地出铅芯。这时的铅芯像一段一段的线，且比较软。

10. 切割

将长短不同的铅芯切割成统一的尺寸，装入圆柱形储藏罐中，并密封好。

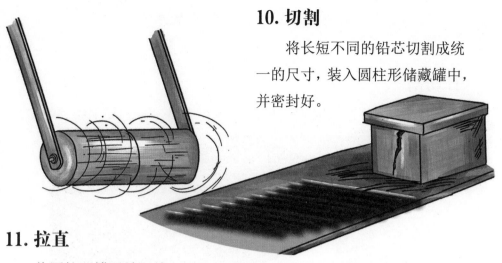

11. 拉直

将圆柱形罐子放入旋转机内，通过高速旋转，拉直铅芯。

12. 烧结

铅芯装入金刚砂箱子中，放入窑炉煅烧。此环节，要掌握好温度（1100℃左右）和时间（9 小时左右）。

13. 浸油

将烧好后的铅芯放入油中，吸油后的铅芯变得润滑、坚固。

此时，铅芯就做好啦！下面开始制作笔杆。

原料：木材、油漆、胶。

1. 切割

将大块木板按规定切割成厚度一致、大小相同的小木板。

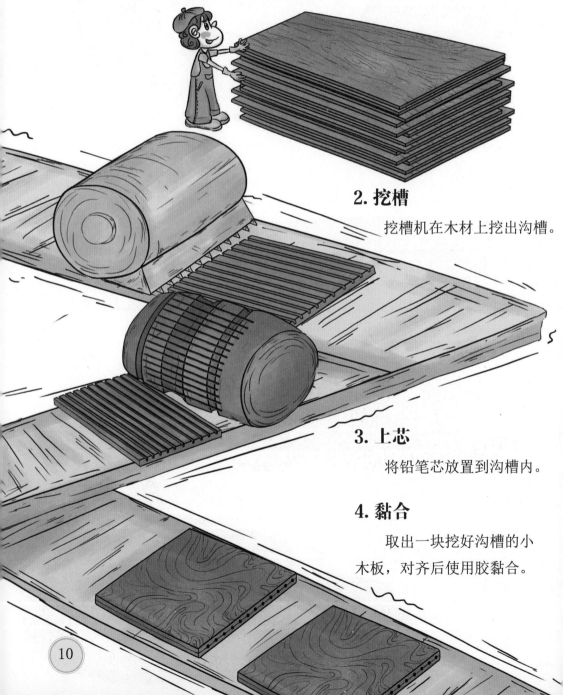

2. 挖槽

挖槽机在木材上挖出沟槽。

3. 上芯

将铅笔芯放置到沟槽内。

4. 黏合

取出一块挖好沟槽的小木板，对齐后使用胶黏合。

5. 压实

　　将一块块小木板整齐地堆叠在一起，压实后备用。

6. 挖槽

　　在每两根笔芯的中间，挖出沟槽。

7. 塑型

　　传送带将铅笔送至塑型机，圆形或带棱的铅笔就做好了。

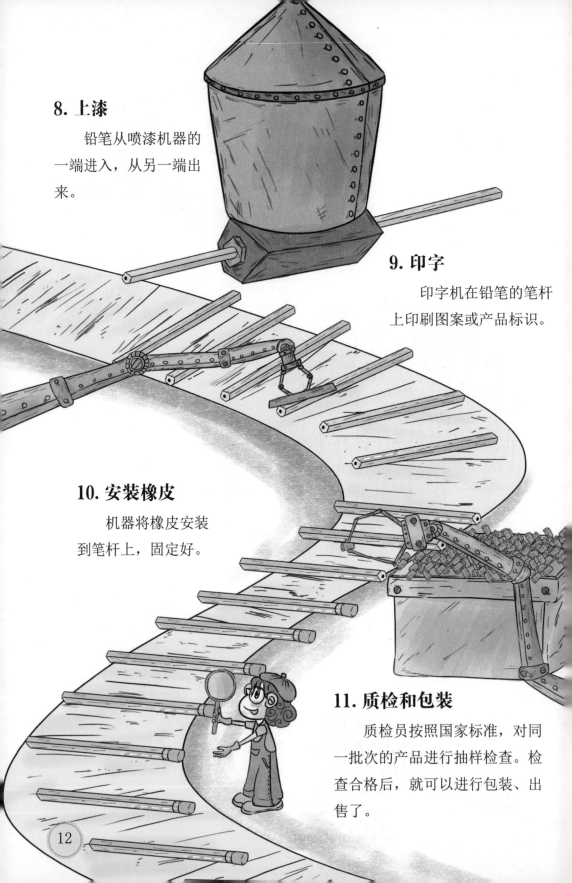

8. 上漆

　　铅笔从喷漆机器的一端进入，从另一端出来。

9. 印字

　　印字机在铅笔的笔杆上印刷图案或产品标识。

10. 安装橡皮

　　机器将橡皮安装到笔杆上，固定好。

11. 质检和包装

　　质检员按照国家标准，对同一批次的产品进行抽样检查。检查合格后，就可以进行包装、出售了。

铅笔是一种用于书写或素描的笔，已有四百多年的历史。世界上第一家铅笔厂是1662年创办于德国纽伦堡市的施德楼铅笔厂。后来，经过德国、法国和美国等多国科学家的试验，铅笔的制作工艺有了显著提升。

为什么用石墨制作铅笔芯?

因为石墨又黑又软，所以能够成为制作铅笔芯的主要原料。石墨是最软的矿石之一，除了能够制造成铅笔芯，还能制作成润滑剂。在放大镜下观察，铅笔迹是无数颗细小的石墨粒。

事实上，石墨还有一个同胞兄弟——金刚石，它们都是由同一种碳原子组成的，但石墨又黑又软，而金刚石却晶莹透明、坚硬无比。因此，二者被戏称为"软弟弟"和"硬哥哥"。

矿石也有软硬?

矿石的软硬是识别矿石种类的一项重要指标。科学家将矿石的软硬程度分为十级，最软的是1级，最硬的是10级。石墨是1级，而它的"哥哥"金刚石则是10级。

你知道在日常生活中我们称金刚石为什么吗?

答案是：钻石。

笔尖艺术 —— 钢笔的生产工艺

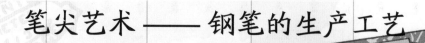

这天放学，奇奇兴奋地跑回家。"爸爸，妈妈，我通过了钢笔使用考试！"原来，奇奇的语文老师为了鼓励孩子们好好写字，制定了一套钢笔字考核标准。只有考核合格的同学，才具有使用钢笔的资格。奇奇很骄傲地说："不是每位同学都拥有使用钢笔的资格哦！"钢笔是伴随我们很久的学习用品，如果你已经开始使用钢笔了，那就多多练习，努力写出漂亮的字吧！

钢笔由笔尖、给墨器、笔盖、握位和笔杆五大主要部分组成，现在我们就一起看看各个部分是怎样制作出来的吧！

原料：不锈钢片（或金片）、铱。

一、笔尖的制作

1. 压平

辊筒机器将一小块金片或不锈钢压平。

14

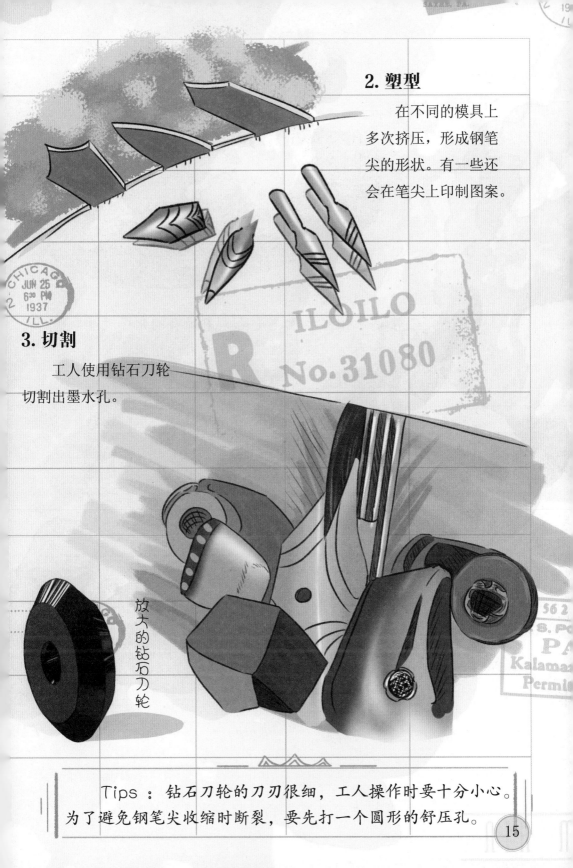

2. 塑型

在不同的模具上多次挤压，形成钢笔尖的形状。有一些还会在笔尖上印制图案。

3. 切割

工人使用钻石刀轮切割出墨水孔。

放大的钻石刀轮

Tips：钻石刀轮的刀刃很细，工人操作时要十分小心。为了避免钢笔尖收缩时断裂，要先打一个圆形的舒压孔。

15

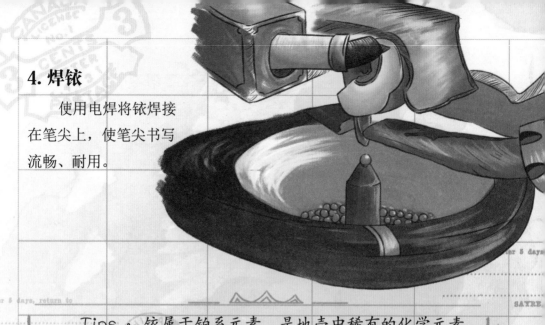

4. 焊铱

使用电焊将铱焊接在笔尖上，使笔尖书写流畅、耐用。

Tips ： 铱属于铂系元素，是地壳中稀有的化学元素。它十分坚硬，熔点高，抗腐蚀性强。铱的用途广泛，比如飞机引擎中长期使用的部件、高温仪器等。

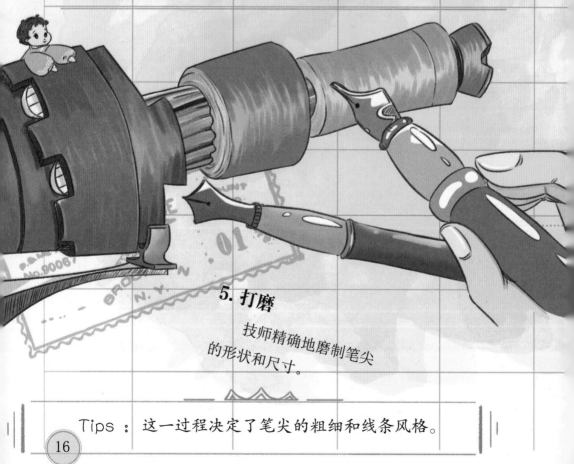

5. 打磨

技师精确地磨制笔尖的形状和尺寸。

Tips ： 这一过程决定了笔尖的粗细和线条风格。

6. 抛光

使用抛光机，将
笔尖打磨光亮。

小型抛光机

技工制作的笔尖大合影！你见过哪种呢？

二、给墨器的制作

1. 切割

将圆柱形的橡胶切磨出尖头。

2. 打槽

使用滚刀器在紧靠尖头的两侧打出沟槽。

3. 拼装

使用对接机将钢笔尖安装到给墨器的前端。这样笔尖与给墨器就完美结合啦！

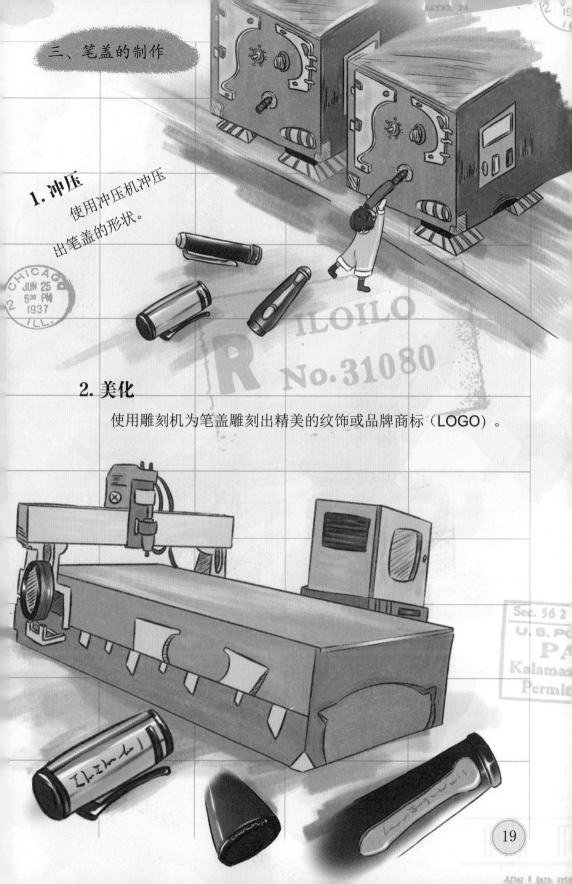

三、笔盖的制作

1. 冲压

使用冲压机冲压出笔盖的形状。

2. 美化

使用雕刻机为笔盖雕刻出精美的纹饰或品牌商标（LOGO）。

19

四、笔杆和握位的制作

1. 熔化

使用加热熔化机熔化树脂。

2. 制模

使用高射速模具制作笔杆，树脂凝固后笔杆和握位成型。

3. 打磨

使用抛光箱将笔杆和握位打磨得光滑细致。

4. 打槽

使用滚刀器在笔杆连接处打槽。

五、上墨系统

1. 笔芯

将塑料等原料倒入注塑机中，冷却后脱模，笔芯成型。

Tips：笔芯因毛细作用将墨水吸入，供应给笔尖。

2. 墨囊

将塑料等原料倒入注塑机中，冷却后墨囊成型。

六、组装

工人将各个零部件组装成一支钢笔。

Tips：墨囊与笔芯必须严密地安装到一起，否则会引起钢笔漏水。

七、检验

检验钢笔的性能。

八、包装

你知道吗？

钢笔是用金属笔头在纸上留下墨痕的书写工具。现在，钢笔的样式越来越多，外观也越来越好看。

1809 年，英国人发明的贮水笔获得了专利。贮水笔要压一下活塞，墨水才能流出来，十分不方便。

1829 年，英国人詹姆士·倍利成功地研制出蘸墨水的钢笔。

1884 年，美国人华特曼发明了用毛细管供给墨水的钢笔。

你知道吗？

如何鉴定钢笔

以下几方面的性能，决定钢笔的好坏：

1. 笔尖顺滑度。
2. 抗漏水性。
3. 连续书写时间。
4. 间歇书写时间。
5. 笔夹夹着力。
6. 抗腐蚀性。

除此之外，字迹的宽度、吸水量、零部件的机械性能和外观等，也决定钢笔的品质。

使用钢笔的注意事项

1. 保护钢笔的笔尖，不用时随手盖上笔帽。
2. 钢笔的墨水要选择品质稍好的，不要频繁更换墨水的品牌和颜色。
3. 不要在金属、塑料等硬质材料上书写，以防损坏笔尖。
4. 钢笔长期不用时，应清洗干净墨囊，晾干后保存。

多彩世界——水彩笔的制作

奇奇是个小画家，从小就喜欢画画。他画过很多类型的画：油画、水彩画、水墨画、铅笔画等。他一直有个梦想，希望能在小学毕业的时候，举办一场个人画展。这天，奇奇和妈妈一起整理他的绘画作品。在这些作品中，他翻找出了几张一年级时画的水彩画，那些画虽然技法粗糙，但却充满童趣。水彩画使用的水彩笔是怎么做成的呢？一起看看吧！

原料：色素、棉花、塑料。

1. 选料

选择色泽光亮、洁白无瑕，长度较长，弹性较好的棉花，作为棉芯的主料。

2. 梳棉

将棉花料投入到梳棉设备中。梳棉设备将棉花团制作成细长的棉花条。

3. 剪切

按照指定规格，切割机将棉花条切割成相同的尺寸。

4. 覆膜

塑料膜包装机将一层透明的塑料包在小棉条的外面，形成棉芯。

5. 调色

根据所需要的颜色，调制好染料。

6. 浸染

棉芯自动上墨机将调制好的染料灌入棉芯中。

深蓝

海蓝　浅灰　深紫　湖蓝

深粉

海蓝

7. 注塑

根据设计师的设计图纸，向注塑机中加入塑料，灌注成笔帽、笔杆。冷却后取出。

用力!

8. 印刷

　　使用塑胶丝网印刷机将漂亮的图案印在塑料笔杆上。

9. 制笔头

　　使用纤维笔尖制造设备，制作出一个个笔头。

Tips ： 一般来说，笔头分为纤维笔头和毛质笔头。

10. 组装

　　将笔头、笔芯和笔杆组装好，盖上笔帽，水彩笔就制作成啦。

11. 质检

　　水彩笔的成品质检主要包括外观、书写性能、耐冲击性和字迹识别等方面的检测。对水彩笔的质检还包括产品的安全性检验，如可迁移元素的最大限量（国家对危害人体的重金属含量有明确的限定）、笔的上帽安全等。

12. 包装

分发机按照预设的程序，将不同颜色的笔分发到一起。传送带将它们送到包装机处进行包装。

你知道吗？

　　水彩笔是一种颜色鲜艳的儿童常用绘画工具，也可以作为记号笔使用，一般盒装有 12 色、24 色、36 色或 48 色。水彩笔的优点是色彩丰富、鲜艳，缺点是长时间保存后笔芯中的水分会流失，导致无法使用。如果想让水彩笔画的效果较好，需要配合使用专业的水彩纸。

　　水彩笔笔芯和笔杆中的化学成分具有微毒。因此在使用过程中，不要用嘴啃咬，用后要及时洗手。

如何去除水彩笔污渍？

　　如果水彩笔不小心划到衣服上，可以用洗衣液涂抹在污渍处，静置 5 分钟后搓洗。然后再涂上浓度较高的医用酒精，浸润 2 小时后清洗即可。酒精浓度越高，洗涤效果越好。

传统之美 —— 毛笔的制作

美术课上，老师说下节课要画水墨画，需要同学们自备毛笔。放学之后，奇奇和妈妈一起来到文具店。他们看到了很多种毛笔，奇奇不知道该选哪一种。于是，他按照笔头的尺寸，买了细的、中细的和粗的三种。他决定下次美术课上，一定要问问老师选择毛笔的学问。

你知道毛笔是怎么制作的吗？下面我们以兔毛笔为例，看看毛笔的制作过程吧！

原料：兔毛、竹竿。

1. 选毛

选择两三年生兔子脊背上的毛，又长又尖的棕色毛品质较高。

Tips：制作毛笔的原料很多，如狼毛、兔毛等。毛笔的种类也很多，其中，以兔毫、羊毫和狼毫笔的品质较好。兔毫是兔毛，羊毫是羊毛，狼毫是鼬毛。

2. 拔毫

将石灰水倒在皮板上，浸泡一段时间后，将毛从兔皮上拔下来。

Tips：石灰水不仅能去除油脂和腥味，还能起到消毒的作用。

3. 分毛

按照品质不同，将紫毫分别存放。

Tips：紫毫专指野山兔脊背的毛，因颜色黑紫而得名，其硬度比羊毫高。

4. 梳洗

在水盆中用骨梳反复梳洗紫毫，剔除有缺点的毛，并进一步分类。

骨梳

Tips：骨梳一般由牛肩胛骨制成，是专门用于梳理毫毛的梳子。

5. 分拣

按色泽、软硬、长短、粗细等对紫毫进行分类挑拣。

Tips：锋颖最长的紫毫，品质最好，适合做笔锋，其余的做副毫。

6. 除绒

一手捏紧紫毫的根部，一手用骨梳梳理，剔除绒毛。

7. 齐锋

将紫毫的尖部对齐骨梳的一边，一手压住毛锋，一手向后拉，对齐后，切齐毫毛的根部，并梳理掉断毛和碎毛。

8. 配料

　　使用两种至四种毛，按照一定的配料比例进行配料，用主毫做笔芯，副毫做被。

9. 卷笔芯

　　使用盖笔刀挑出所需的一层毛片，然后卷起来，就形成一个笔芯。

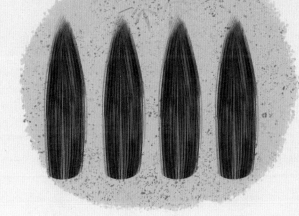

10. 加被

　　将一层薄薄的毛料卷到笔芯的外围，这样做既可以保护笔芯，又可以润色。

11. 扎笔头

紫毫干透后，用
蜡线扎两三圈。

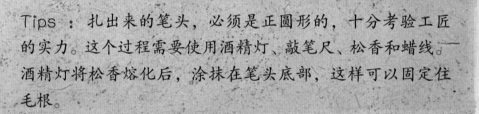

Tips ： 扎出来的笔头，必须是正圆形的，十分考验工匠
的实力。这个过程需要使用酒精灯、敲笔尺、松香和蜡线。
酒精灯将松香熔化后，涂抹在笔头底部，这样可以固定住
毛根。

这样，毛笔的笔头就做好了。现在看看笔杆的制作。

1. 裁切

根据预先设定的
长度将竹子切断。

2. 挖洞

使用工具将竹段掏出 3 厘米左右深的空洞，用以放置笔头。

3. 镶制

可根据笔杆挑选笔头，也可根据笔头选择笔杆，将笔头镶嵌到笔管的空洞内。

4. 上胶

在笔头和笔杆的衔接处涂上专用的胶水。

5. 梳毛

使用骨梳将笔头的毛梳理顺滑。

6. 去胶

使用刮刀和擦布去除多余的胶水。

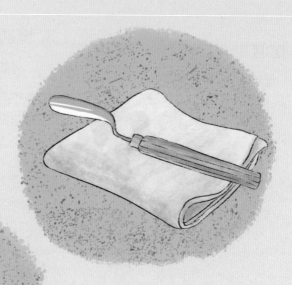

7. 去杂毛

使用刀具将多余的杂毛去除。

8. 晾晒

将毛笔放置于阴凉、通风处自然风干，一般需要一周左右。

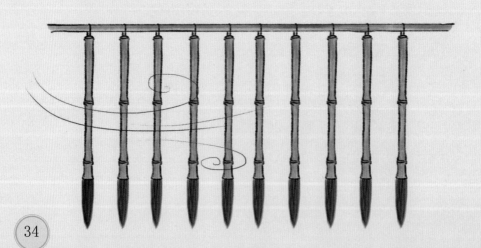

9. 装饰
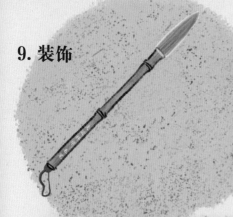

10. 包装
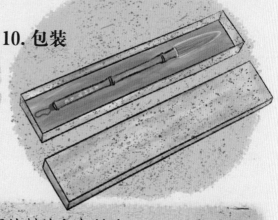

Tips ：我国古代的笔杆有竹制的和木制的。用竹制成的笔杆称为"笔管"。魏晋以后，木制的笔杆越来越少，现在已经很少见了。

你知道吗？

毛笔是我国传统的书写和绘画工具，因笔头由动物毛制成而得名。如今，毛笔虽然不是日常书写工具，但依然可以作为华夏文化的代表之一。

毛笔的分类

毛笔可以按照原料、大小、产地等分为不同的种类。

按笔头原料分类：狼毫笔（鼬毛）、紫毫笔（兔肩紫毫笔）、羊毫笔、猪毫笔（猪鬃笔）、鼠毫笔（鼠须笔）、虎毫笔等。其中，以兔毫、羊毫、狼毫为佳。

按尺寸分类：小楷、中楷、大楷、屏笔、联笔、斗笔、楂笔等。

按笔毛的弹性分类：软毫、硬毫、兼毫等。

按用途分类：字笔和书画笔。

按形状分类：圆毫和尖毫等。

按笔锋的长短分类：长锋、中锋、短锋。

关于笔杆的文化

笔杆的粗细

战国、秦汉时期的毛笔比较细小。因为当时的笔头少，因而制作出的笔头层次少。另外，当时的人们习惯将毛笔当作发簪使用，将笔插在头发上，因此笔杆很细。直到东汉末年，出现了真正的书法用笔，人们开始使用空心的竹管制作笔杆。为方便书写时抓握，后人在竹管上加了一个斗。

笔杆的长度

汉代出土的毛笔笔杆大约 23 厘米，唐代为 17 ~ 19 厘米，现在市面上的笔杆大都在 20 厘米左右。

入杆深度

笔头入杆深度一般至少是笔头的三分之一长。如果只插入一点点，笔头会容易掉毛，而且使用起来也不灵活。

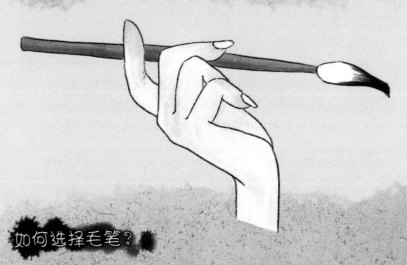

如何选择毛笔？

要选择尖、齐、圆、健的毛笔，具体如下：

尖：指笔尖聚拢时，末端要尖锐。这样的笔容易写出笔锋。

齐：指笔尖润开后压平，毫尖整齐。

圆：指笔毫充足饱满。

健：指笔尖的弹性较好，下压之后提起，能够迅速恢复原状。

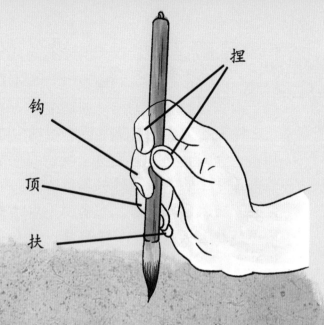

捏

钩

顶

扶

毛笔的使用

1. 开笔

新买的毛笔，笔头的一半放在温水中泡开，或者边泡边用手从笔的顶部将毛揉开，这样做可以在一定程度上增加毛笔的流畅度。

2. 润笔

再次使用毛笔之前，需要用清水将笔毫浸湿，然后将笔倒挂二十分钟，使笔锋恢复韧性。

3. 入墨

先用吸水纸将笔毫中的清水吸干，然后再使用墨汁。入墨要注意用量，过少则笔不能运转自如，过多则使笔过软而写字无力。

4. 保养

毛笔使用后要立刻用清水清洗，用吸水纸将余水吸干并理顺笔毛，然后倒挂在阴凉处。洗净后不要装上笔套，防止笔毛腐烂或脱毛。

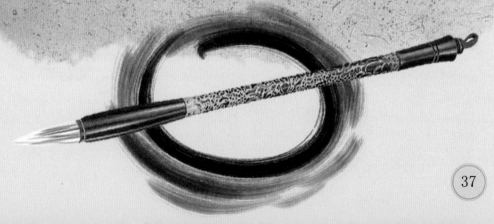

智慧之笔——粉笔的制作

语文课上，王老师给同学们出了一篇命题作文："请同学们以'一堂有趣的语文课'为题，写一篇300字左右的作文。"作文是奇奇的软肋，提起笔就头疼。他绞尽脑汁，想起来的只是些五颜六色的画面，完全蹦不出一个能用得上的词。他看了看老师在黑板上写的作文题目，再看看地上一层灰白的粉笔屑，突然来了灵感——智慧之笔！他的眼前浮现出几个颜色不同的粉笔精灵，向同学们传授知识的生动场景。他头不抬、手不停地开始写了起来……粉笔是怎么制作出来的呢？一起看看吧！

原料：碳酸钙（或光粉）、熟石膏粉、水、橄榄油等。

1. 称重

将碳酸钙、熟石膏粉和水按照一定的比例称重。

2. 搅拌

将碳酸钙和熟石膏粉倒入水中，使用搅拌机搅拌均匀，形成薄浆。

3. 预涂

将橄榄油均匀地涂抹到金属模具上。

4. 浇筑

将调和均匀的液体倒入金属模具孔内。凝固20分钟左右，粉笔成型。

5. 脱模

金属模具倒置，按压底部的脱模按钮，粉笔脱落到容器中。

6. 风干

将粉笔放入风干架上，进行5～10天的自然风干。

7. 质检

按照国家标准对粉笔进行质检，合格的粉笔就可以进入包装程序啦。

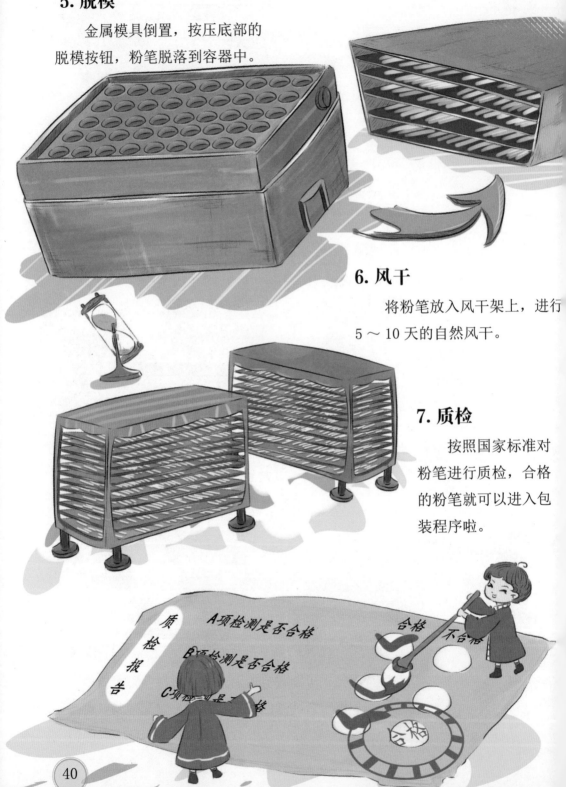

8. 包装

根据包装要求，人工或使用包装机将粉笔装入包装盒中。卡车将这些粉笔运送至超市或者学校。

你知道吗？

粉笔是由碳酸钙（石灰石）和硫酸钙（石膏）等制成，一般用来在黑板上书写的一种工具。目前，国内的粉笔主要分为普通粉笔和无尘粉笔两种。无尘粉笔是在普通粉笔中，添加了一些油脂类、聚醇类物质以及黏土等成分，使粉尘的含量和体积增大，不易飞扬，更好地保证老师和学生们的身体健康。

粉笔在制作的过程中，可以添加一些颜色，比如红色、黄色、绿色等，这样的粉笔写出的板书不仅突出重点，还赏心悦目。随着科技的发展，投影仪、电子白板等逐步走入课堂，替代了粉笔和黑板的部分功能。

流畅顺滑——圆珠笔的生产流程

今天，奇奇放学回到家，照常到书房写作业，推开门却发现爸爸端坐在大书桌前奋笔疾书。原来，爸爸在写年度总结报告。奇奇坐到自己的写字桌前，父子俩各自忙活起来。奇奇发现，爸爸写字不用铅笔，而是圆珠笔。奇奇记得老师说过，小学生不可以用圆珠笔写字。但是圆珠笔确实很方便呀！不像铅笔要削，不像钢笔要吸水。方便的圆珠笔是怎么做成的呢？一起看看吧！

原料：塑料、钢材。

圆珠笔的制作流程

1. 炼钢

使用冶炼炉炼制钢材。

2. 拉丝

使用拉丝机将热轧
盘条拉制成钢丝。

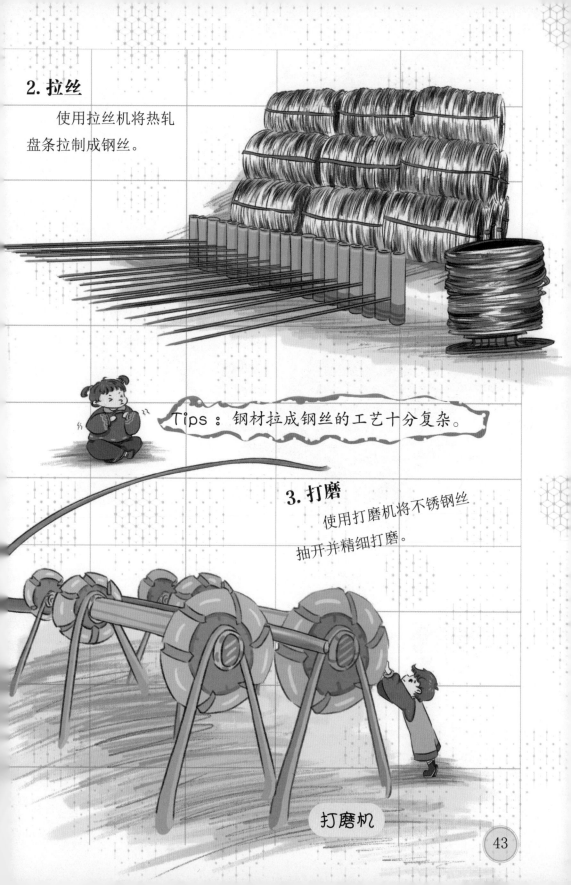

Tips : 钢材拉成钢丝的工艺十分复杂。

3. 打磨

使用打磨机将不锈钢丝
抽开并精细打磨。

打磨机

4. 剪切

使用钢材剪切机将钢丝剪切成长短一致的小钢段。

5. 磨尖

使用打磨机将小钢段的一头磨尖。

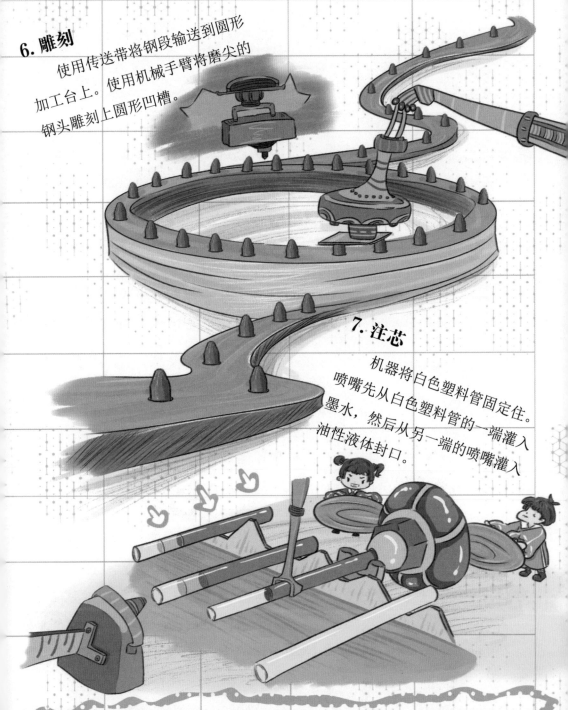

6. 雕刻

使用传送带将钢段输送到圆形加工台上。使用机械手臂将磨尖的钢头雕刻上圆形凹槽。

7. 注芯

机器将白色塑料管固定住。喷嘴先从白色塑料管的一端灌入墨水，然后从另一端的喷嘴灌入油性液体封口。

Tips ： 圆珠笔笔芯中的油墨是特制的，以色料、溶剂和胶黏剂为主。浮塞是指圆珠笔芯的油管内尾部与油墨面贴合的油性液体，它能够防止油墨倒流、氧化、吸潮。

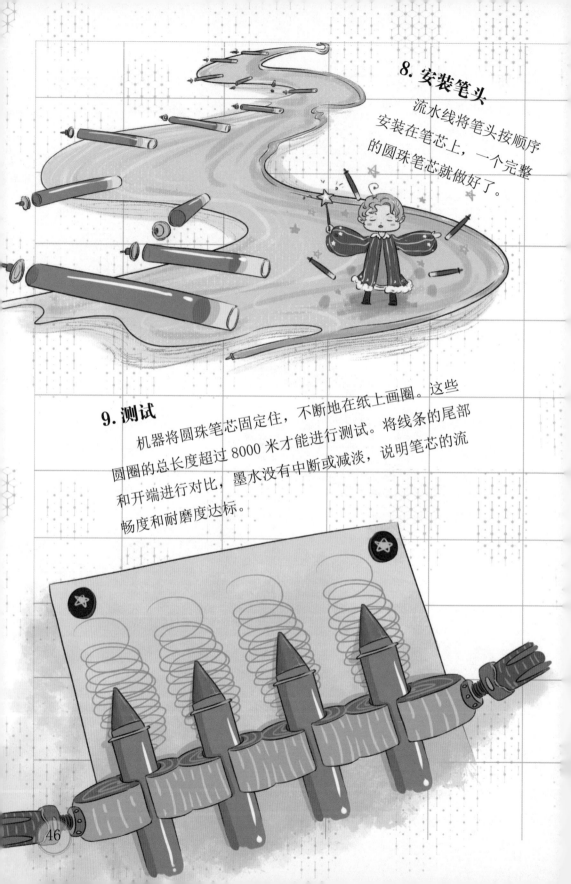

8. 安装笔头

流水线将笔头按顺序安装在笔芯上，一个完整的圆珠笔芯就做好了。

9. 测试

机器将圆珠笔芯固定住，不断地在纸上画圈。这些圆圈的总长度超过 8000 米才能进行测试。将线条的尾部和开端进行对比，墨水没有中断或减淡，说明笔芯的流畅度和耐磨度达标。

10. 制模

根据笔杆设计图纸，制作笔杆模具。

设计图纸

注塑机

11. 注塑

将塑料或 PVC 材料倒入笔杆专用注塑机，制作出塑料笔杆。

Tips：圆珠笔的笔杆材质很多，如木质、钢质、塑料、陶质、纸质等。

笔芯

笔杆

笔帽

圆珠笔

12. 安装

机器将笔芯安装到笔杆中，扣上笔帽，一支完整的圆珠笔就做成了。

圆珠笔是通过笔芯前端的钢珠带动油墨在纸上留下痕迹的笔。圆珠笔包括笔芯和笔杆两部分，而笔芯的制作是圆珠笔的技术核心。

现在我们使用的圆珠笔，诞生于1945年。当时美国的米尔顿·雷诺推出的新型圆珠笔，结构与我们现在使用的圆珠笔接近。第二次世界大战后，圆珠笔传入中国，并因其方便性逐渐流行起来。

圆珠笔笔尖和笔头的制作工艺，长期被国外企业掌握。单就圆珠笔笔芯前端的钢球来说，误差不能超过0.003毫米，可谓是高精尖技术。近几年，在国家的大力扶持下，我国圆珠笔的生产工艺取得了较大的突破。

圆珠笔是如何工作的呢？

圆珠笔的主要工作原理是笔尖的圆珠来回带墨旋转。

1. 重力作用下，油墨落在圆珠内侧表面。
2. 圆珠带墨旋转。
3. 圆珠留下印记。
4. 圆珠回转。

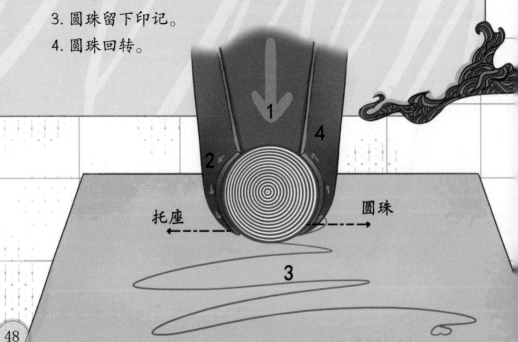

托座　　　　　　　圆珠

圆珠笔的弊端

1. 生产时间较长或保管不当的圆珠笔，会出现断墨、流墨的现象。这是因为圆珠笔的油墨是一种黏性油脂，时间长了会凝固而影响出墨。

2. 圆珠笔不能在有油、有蜡的纸上写字。因为油、蜡进入钢珠边缘会影响出墨。

3. 圆珠笔的印记经不起时间的考验。时间一久，字迹就会慢慢地模糊起来。需要长久保存的字迹，一般使用钢笔。

如何处理圆珠笔的污渍

如果不小心将圆珠笔划到身上出现污迹，可先用汽油擦拭，再用酒精搓刷和漂白粉清洗，最后用牙膏和肥皂轻轻揉搓，冲洗干净即可。

涂涂画画 —— 蜡笔的生产流程

奇奇很喜欢画画，因此非常期待每周三的美术课。这节课，老师要教同学们画一幅蜡笔风景画。奇奇很兴奋，把家里64色蜡笔带到了学校，他要画一幅最美的风景画。

蜡笔是怎么制作而成的呢？让我们走进蜡笔工厂看一看。

原料：石蜡、色粉等

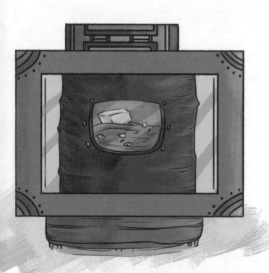

1. 熔解

将蜡块、色粉等原料放入高温熔炉里进行熔解，形成蜡液。

2. 搅拌

开启搅拌功能，将蜡液搅拌均匀。

3. 定型

　　将蜡液倒入蜡笔模型中，在急速冷冻的技术下，几秒钟后，便可倒出成型的蜡笔。

4. 卷纸

　　已经定型的蜡笔，放入卷纸机，给它们穿上颜色相同的美丽衣服。

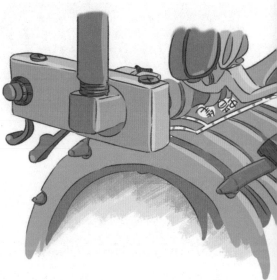

5. 归类

　　工作人员将蜡笔放置不同的卡槽中，按照颜色归类。

6. 配笔

流水线每次经过卡槽时，卡槽中便会掉落一支蜡笔。可以通过程序，选择颜色和数量，比如 12 色、24 色等。

7. 包装

将选好的蜡笔装入包装盒，就是我们在文具店中看到的模样了。

你知道吗？

蜡笔的发明至今已有 100 多年的历史。蜡笔的色彩丰富，靠附着力将颜色固定在画纸上，没有渗透性，因此很适合儿童学习色彩画时使用。但是，蜡笔不适合用在较平滑的纸或板上，会影响上色效果。

在日本，有一个叫小新的男孩，为了保护妹妹而在车祸中不幸丧生。他的妈妈很思念他，便用他生前最喜欢的蜡笔，描绘小新日常生活的点滴。一个偶然的机会，动画片制作人发现了这位母亲的手绘，便以此为基础，编排了一部动画片——《蜡笔小新》。

看清世界 —— 眼镜的制作流程

　　最近上课，奇奇总是看不清楚老师的板书。放学后，奇奇把这种情况告诉了妈妈，没想到她的反应特别激烈："奇奇，你该不是近视了吧？明天我们赶紧去医院检查一下！"

　　第二天，眼科医生为奇奇做了全面的视力检查，果然确认为近视眼，要佩戴近视眼镜。奇奇戴上眼镜，世界瞬间清晰起来。"眼镜是怎么做成的呢？"奇奇又产生了疑问。

原料： 树脂材料、玻璃等。

1. 开料

　　将一块预制的树脂板材依照镜框的尺寸切割。

2. 打磨

工人使用修边刀将镜框的边进行修整并打磨。

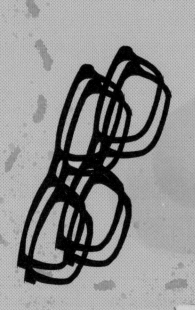

3. 拼料

使用自动拼料机将不同颜色、纹理的板材拼压成型。

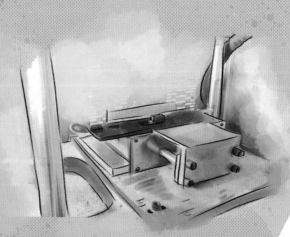

4. 成型

数控中心按照输入的程序，将镜框、镜脚加工成型。

5. 切框

使用切割打磨机将镜框、镜脚进行切割和调整。

6. 钉铰链

工人使用机器给镜框钉上铰链，并调试好。

7. 抛光

首先使用滚筒抛光机对镜框、镜脚进行抛光。然后经工人手工抛光、打磨两道程序后，镜框、镜脚就变得十分光滑啦。

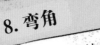

8. 弯角

将笔直的镜脚放入烘热器中烘热后，手工弯曲一定角度。

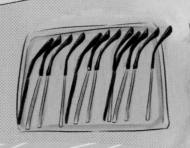

Tips ： 镜脚有一定的弧度才能挂在耳朵上。

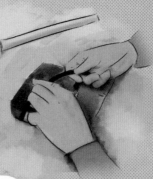

9. 印字

使用激光印字机将公司的品牌印刻到指定位置。

10. 装配

将镜脚用螺丝锁住，镜框就装配完成啦。

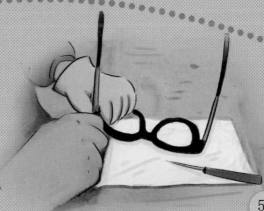

11. 裁镜片

使用镜片剪切机将镜片精准裁切，要既能放入镜框，又不会太松。

12. 装片

将镜片安装到镜框上，根据技术指标进行调整。

13. 检验

根据质检标准，对眼镜成品的品质进行检验。

14. 包装

品质合格的产品就可以包装出售啦。

你知道吗？

眼镜的主要作用有改善、保护视力和装饰两种。改善、保护视力的有近视镜、远视镜、散光镜、老花镜等。夏季的装饰眼镜既有装饰作用，又能护目。

眼镜分为两部分：镜框和镜片。眼镜是我们日常生活中最常见、常用的精密物品之一。为什么说它精密呢？看看下面的平面图，你就知道制作一个合格的、适合近视者佩戴的眼镜，需要多么精密的测算啦！

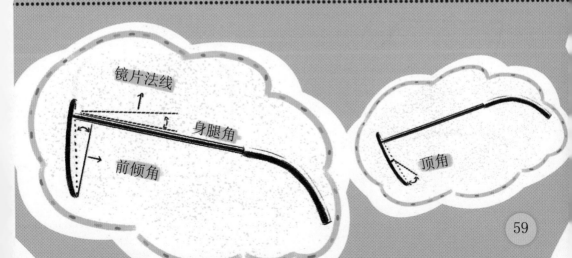

镜片法线

身腿角

前倾角

顶角

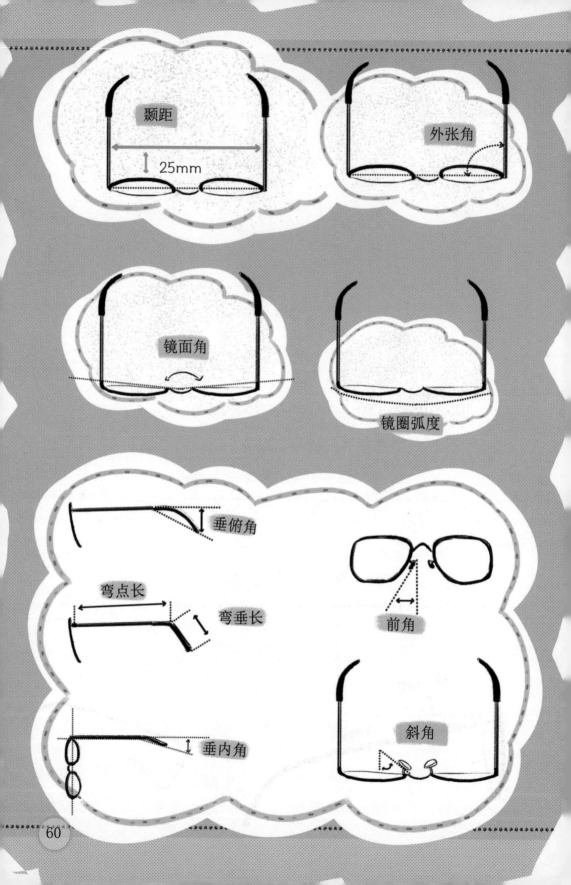

颞距

25mm

外张角

镜面角

镜圈弧度

垂俯角

弯点长

弯垂长

前角

垂内角

斜角

可擦可改 —— 橡皮的制作方法

　　"米朵朵，借我用一下你的橡皮呗？"语文课上，奇奇小声地问同桌。"不行！"米朵朵毫不犹豫地拒绝了，"上次我借你的铅笔，到现在还没还我呢！""这次我肯定不带回家，用完就还你！"在奇奇的再三央求下，米朵朵终于同意把橡皮借给奇奇用一天，条件是明天给她买一袋干脆面。结果，晚上回到家，奇奇发现他又忘了还。妈妈狠狠地批评了他。

　　那么，陪伴我们学习的橡皮是怎么制作出来的呢？一起看看吧！

1. 研磨

　　将橡胶原料倒入研磨机中。

原料：橡胶、氧化铁、硫黄、浮石粉等。

 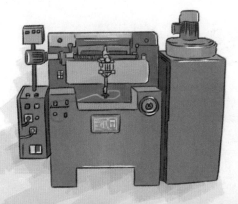

　　🔲 Tips ：橡胶在高温的作用下，会变得像面团一样柔软。

61

2. 加料

将硫黄、浮石粉和氧化铁倒入研磨的橡胶中，继续搅拌、研磨均匀。

Tips：工人要时常翻动齿轮上的橡胶，让各种原料研磨得更加均匀，融合得更加充分。

 Tips：硫黄能够增加橡皮的耐用度，浮石粉能够增强橡皮的硬度，氧化铁则会让橡皮变成粉色。

3. 压条

将热乎乎的橡胶团倒入冲压机，压成一条条的橡胶条。

Tips：如果想要不同形状的橡皮，就将原料装进模具。

4. 切割

切割刀准确地将橡胶条切割成大小均匀的块状橡皮。

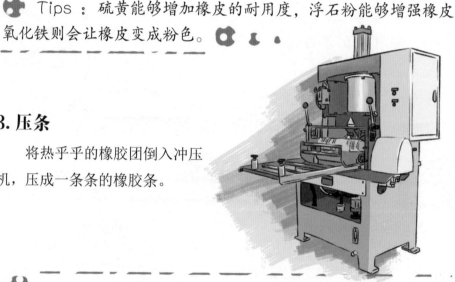

5. 烘干

将橡皮放入橡胶烘干机中烘干。

6. 打磨

使用电动打磨机，将橡皮打磨得光滑。

7. 包装

包装机给橡皮装上塑料或纸质的包装，这就是我们在超市看到的橡皮的样子啦。

你知道吗？

铅笔的发明比橡皮略早。在发明橡皮之前，人们使用面包或海绵来擦掉写错的铅笔字。200多年前，英国人发现橡胶可以擦掉铅笔字。此后，随着技术的不断发展，橡皮被逐步推广使用。

橡皮的使用是有方法的。正确的方法是在一张空白的纸上反复擦拭，擦出一丝丝的"橡皮面儿"。然后将"橡皮面儿"放到准备擦掉的地方，再用橡皮轻擦"橡皮面儿"，这样不仅擦得干净，还不损坏纸面。

橡皮除了擦掉写错的字，还能擦墙壁、擦鞋子，有些漂亮的橡皮还可以当作礼物送给朋友。

选购橡皮的时候，面对有香味儿的、颜色鲜艳的要谨慎，因为这类橡皮的化学成分会更加复杂。

特别的草——宣纸的制作

　　周末的一天，奇奇的爸爸、妈妈带奇奇去博物馆参观。爸爸和妈妈是书画迷，虽然工作很忙，但总会抽出时间在家写字、作画，奇奇从小受到熏陶，因此，他也对国画和书法产生了浓厚的兴趣。听说，这周省博物馆要展出一批国宝级的书画作品，他们一家三口顿时兴奋起来。奇奇边看书画作品，边赞不绝口，下定决心要更加刻苦地学习。奇奇想，多亏这些宣纸承载着悠久的文化，才能让它们一直流传下来。那么宣纸是如何制作呢？

原料：青檀皮、稻草等。

1. 选料

　　手工选择合适的青檀皮和沙田稻草等原料。

2. 捣碎

　　使用捣碎机将原料捣碎。

3. 蒸煮

将原料和草灰按照一定的比例，放入蒸煮池中蒸煮。

4. 晾晒

将蒸煮后的原料放到向阳的山坡上，经风吹日晒后炼白。

5. 打浆

将青檀皮、稻草等原料碾碎、浸泡、发酵、打浆后，加入树糊调和成纸浆。

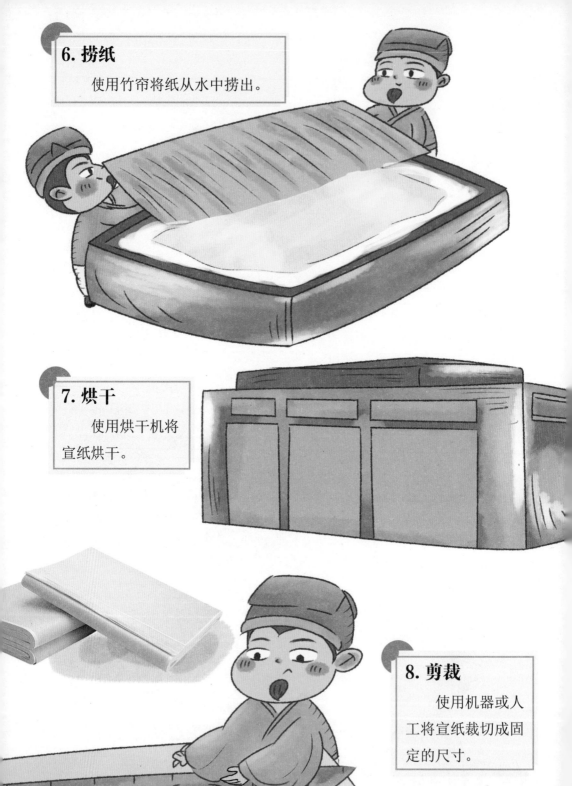

6. 捞纸

使用竹帘将纸从水中捞出。

7. 烘干

使用烘干机将宣纸烘干。

8. 剪裁

使用机器或人工将宣纸裁切成固定的尺寸。

　　宣纸是我国安徽省宣城市泾县的特产，古代的文房四宝之一，是现代具有文化遗产价值的手工艺品。宣纸与我们平时书本使用的纸张不同，它质地绵韧，具有多年不蛀不腐的特点，因此享有"千年寿纸"的美誉，被誉为"国宝"。宣纸适合写毛笔字和画国画，墨迹变化难测，十分具有美感。

　　宣纸的制作工艺十分复杂，共有十八道工序，一百多个操作步骤，要完全掌握这一套手艺，不仅需要师徒间的传承，还需要长期的实践和体悟。2009年9月30日，宣纸传统制作技艺获联合国教科文组织认定，列入人类非物质文化遗产名录。

宣纸的分类

　　宣纸按照润墨程度，分为生宣、半熟宣和熟宣。生宣吸水性和沁水性较强，墨韵变化丰富，多用于山水画和书法中。熟宣在加工时使用明矾，比生宣纸质稍硬，吸水能力强，墨色不会散开，适合工笔画。半熟宣由生宣加工而成，吸水能力介于二者之间。

　　宣纸按厚薄可分为：扎花、绵连、单选、重单、夹宣、二层等。

　　你知道宣纸还有什么分类方式吗？

67

黑色痕迹——墨汁的制作

原料：骨胶、纯碱、苯酚、墨灰、樟脑油、太古油、水等。

1. 溶胶

将骨胶、纯碱、苯酚等按比例倒入搅拌机中，加入定量的水，用蒸汽加压力进行催化，搅拌约4小时，溶为胶液即可。

骨胶
纯碱　苯酚

2. 拌料

将胶液倒入桨式搅拌机中，按比例加入墨灰和热水。充分搅拌后，形成均匀的墨膏。

3. 碾轧

将墨膏放入三辊研磨机中磨细轧匀。

Tips ： 墨膏被研磨得越细，墨汁的光度和色泽就越好。

4. 加水

墨膏内分次加入热水并搅拌成液体。

5. 配料

在液体墨汁中加入定量的樟脑油、太古油和温水，将墨汁调节到适当浓度，充分搅拌。

温水

樟脑油

太古油

6. 过滤

墨汁静置一定时间后，使用 60 目的筛子过滤。

7. 质检

质检员将按照质检要求，进行抽样检验。质量合格即可灌瓶装箱。

合格

8. 灌装

自动灌装机将墨汁装入塑料瓶中，并密封好。一瓶瓶的墨汁即将被运输到文化用品超市啦。

你知道吗？

墨汁是配合毛笔使用的黑色颜料。除了液体的墨汁外，还有固体的墨块。

在墨汁发明以前，古人使用木炭烧成的炭黑墨或天然矿石石墨，进行书写或绘画。在殷商的卜辞中或陶器上，能看到用墨的印记。

墨的别名

"笔墨纸砚"是古代文人的文房四宝。文人们对墨十分重视，那时候的墨以墨块为主，常用"玄香""乌玦"等别名称呼它。

如何使用

1.墨汁浓了要加水，淡了要继续研墨。浓淡适宜，才能写出好字来。

2.加水的墨不可倒回瓶内，否则容易使墨变质。

3.墨迹干透后才能装裱，防止跑墨。

4.墨迹难洗，使用时要注意保护衣物。

知识的载体——复印纸的生产工艺

期末考试就要来了，奇奇不仅感觉精神紧张，生活也变得紧张起来。早起，背古诗、单词；睡前，默写、默背。老师布置的作业除了每天都留的，还增加了很多试卷。第一次见到大卷子的时候，奇奇惊呆了。这么大一张，这么多题，什么时候能做完呢？奇奇的妈妈为了奇奇能利用好最后的冲刺时间，每周都给奇奇拿来从复印社打印的试卷，还神秘兮兮地说："这可是我托了好几个朋友，才得到的××小学的历年真题，很有含金量的……"奇奇望着堆如小山的卷子，唉声叹气。这些纸张是怎么做成的呢？一起看看吧！

原料：木材。

1. 运输

汽车将枫木、杨木和桦木等木材运送到造纸厂。

Tips：纸张由几种木材混合而成。一般来说，2吨的木材能生产出1吨纸张。

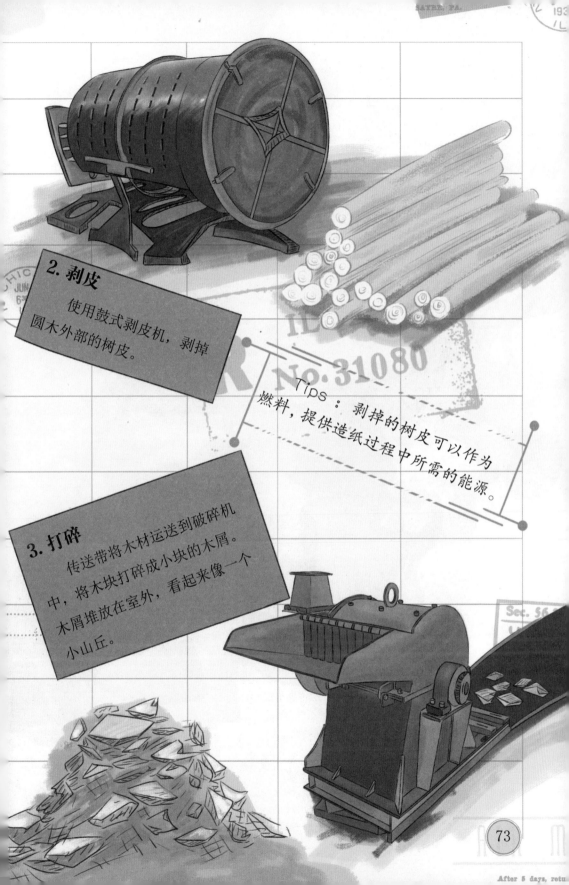

2. 剥皮

使用鼓式剥皮机，剥掉圆木外部的树皮。

Tips：剥掉的树皮可以作为燃料，提供造纸过程中所需的能源。

3. 打碎

传送带将木材运送到破碎机中，将木块打碎成小块的木屑。木屑堆放在室外，看起来像一个小山丘。

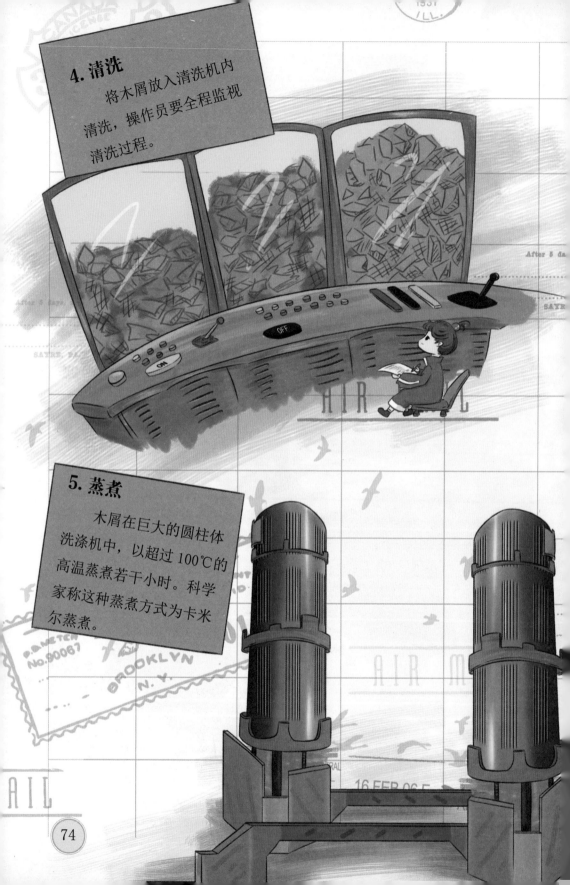

4. 清洗

　　将木屑放入清洗机内清洗，操作员要全程监视清洗过程。

5. 蒸煮

　　木屑在巨大的圆柱体洗涤机中，以超过100℃的高温蒸煮若干小时。科学家称这种蒸煮方式为卡米尔蒸煮。

6. 还原

木浆在还原锅中，以 1000℃的高温烧掉木头中的木质素。

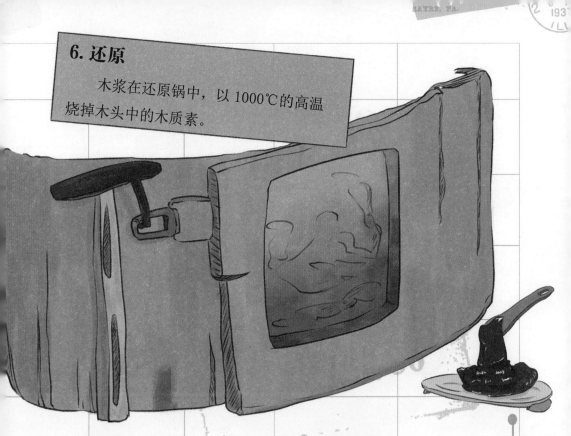

Tips: 植物中含有大量的木质素，木质素是维持植物的硬度、承担植物重量的物质。如果没有木质素，树木就不会直立生长啦。

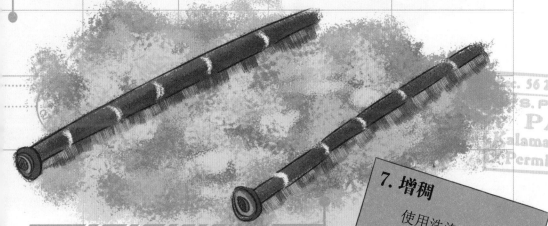

7. 增稠

使用洗涤机清洗棕色木浆，并加入增稠剂增稠。

Tips ： 此时需要利用专业的抹刀，检测木浆的清洗程度。达到一定的漂白标准才能进入下一个环节。

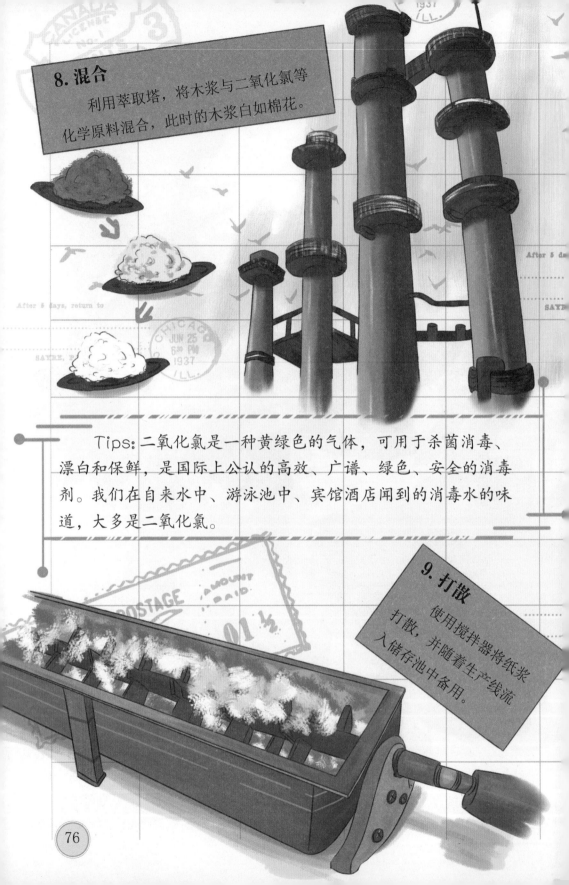

8. 混合

利用萃取塔，将木浆与二氧化氯等化学原料混合，此时的木浆白如棉花。

Tips：二氧化氯是一种黄绿色的气体，可用于杀菌消毒、漂白和保鲜，是国际上公认的高效、广谱、绿色、安全的消毒剂。我们在自来水中、游泳池中、宾馆酒店闻到的消毒水的味道，大多是二氧化氯。

9. 打散

使用搅拌器将纸浆打散，并随着生产线流入储存池中备用。

10. 干燥

使用造纸机将纸浆中的水分抽干，一般水分含量由 90% 下降至 5% 左右。

Tips：造纸机的运行速度很快，每分钟可生产纸 1000 米以上。

11. 压纸

通过压纸机将木浆压成连续的纸张。

12. 检测

使用分析仪检测纸张的质量，如果发现异常，系统会进行报警提醒。

13. 卷纸

卷纸机将这些连续的纸张卷成又大、又厚的主纸卷，形状与超市出售的空心卫生纸相同。主卷纸的卷轴需要使用机械手臂帮助更换，因为每卷纸重达几十吨。

14. 切割

卷纸切割机将主卷纸切割成较小的尺寸，一部分直接出厂，一部分还需要进入切割车间继续切割。

15. 剪裁与堆叠

自动切割机将纸张切割成各种尺寸，如 A3、A4、B5 等。传送装置会将切割好的纸张直接堆叠在一起。

16. 质检

自动提纸机将会自动从堆叠好的一摞纸中抽取样品，质检员按照国家标准进行质检。

合格证

检验合格

17. 包装
　　包装合格的纸张会贴上合格标签，并由自动包装机进行包装。

　　Tips：全自动化的复印纸加工生产厂，一个小时内可以生产几千包A4纸。

你知道吗？

　　我们日常生活中常说的A4纸、B5纸，其实是描述纸张大小的术语。

　　纸张尺寸是指生产纸张的折页机、配页机支持纸张的尺寸范围，包括最大尺寸和最小尺寸。超范围的纸张是无法生产出来的。下图以A系列为例，看一下各种尺寸的纸张大小关系。

ADF023

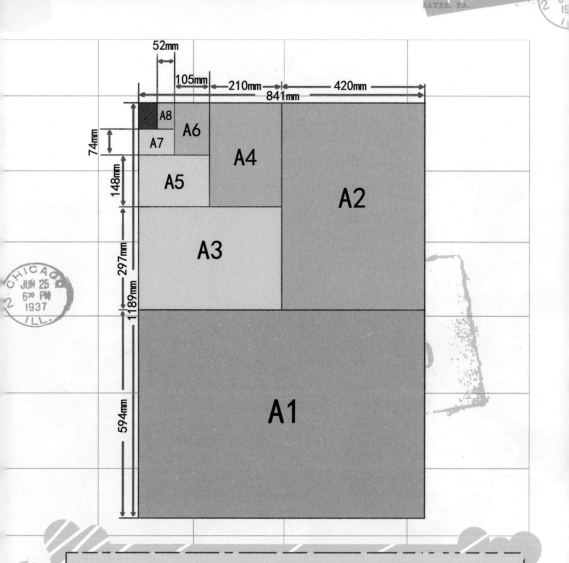

目前，国际通用的标准是根据纸张幅面的基本面积，把幅面规格分为 A 系列、B 系列和 C 系列，具体尺寸如下：

A0 的幅面尺寸为：841 mm×1189 mm，幅面面积为 1 ㎡；

B0 的幅面尺寸为：1000 mm×1414 mm，幅面面积为 1.4 ㎡；

C0 的幅面尺寸为：917 mm×1297 mm，幅面面积为 1.2 ㎡；

复印纸的幅面规格只采用 A 系列和 B 系列，C 系列一般用于制作信封等。

请你想一想，A3 和 B3 的纸，哪个幅面面积大？

手工常备——液体胶水的做法

美术课上，同学们按照老师的要求制作手工。今天要做的作品是使用各类豆子粘贴"我的家"。奇奇拿起胶水，用红豆粘贴一个红色的屋顶。哎呀，不好！他没拿稳，胶水洒到了他的裤子上。呜呜……晚上回家肯定又要被妈妈批评了。下面来看一看胶水的制作过程。之后，请你想一想，该如何清理胶水呢？

原料：
阿拉伯胶、石炭酸、酒精、明矾。

明矾

阿拉伯胶　石炭酸　酒精

1. 熔胶

将阿拉伯胶置于容器中，隔水加热使其完全熔解，形成胶液。

2. 拌料

按照一定的比例，将液体石炭酸、酒精和明矾加入胶液中。

3. 搅拌

使用搅拌机搅拌胶液。

搅拌机

布氏黏度计

4. 测试

使用布氏黏度计检测胶水的黏度指标，合格的即可装瓶出售。

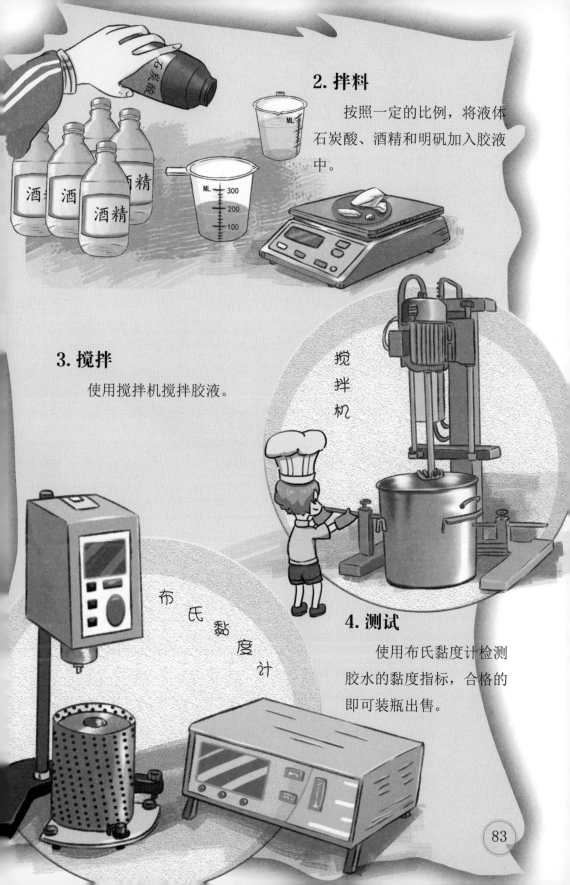

5. 分装

使用分装机将胶水装入瓶中。这时的胶水与我们在商店中看到的一样啦!

分装机

各类胶水

你知道吗?

胶水是连接两种材料的胶状液体。胶水的分类很多,用途很广,制作胶水的原材料也多种多样。但L博士小的时候,胶水可不像现在这样普及。那时候,民间有一种使用大米制作胶水的方法:把大米和水放在锅中烧开,慢火熬煮半小时左右,一边熬一边搅拌。黏稠之后放入筛子中边搅拌边过滤,晾凉之后健康环保的胶水就可以用来粘贴对联啦!快去试试吧!

透明的连接——胶带的制作

昨天放学的时候，奇奇跟同桌米朵朵疯闹，不小心将语文书撕下了一个页脚。他不可避免地被妈妈训斥了一顿，然后乖乖拿透明胶带将掉下来的页脚粘好。"透明胶带真是个好帮手！"他心想。

1. 采购

采购合适的胶带原材料，丙烯酸是一种不错的选择。

原料：丙烯酸、塑料母料

2. 乳化

将丙烯酸添加到乳化槽中进行乳化。

虽然二者外观相似，但是作用不同哟。

乳化槽

反应锅

3. 加热

将乳化后的丙烯酸倒入反应锅里进行加热，此时可见胶水的形态。

4. 降温

胶水降至常温备用。

24:00

晾凉

5. 吹膜

把塑料母料加入到吹膜机中，吹成指定宽度的塑料薄膜。

6. 涂布

把薄膜固定在涂布机上，加入已经降温后的胶水。

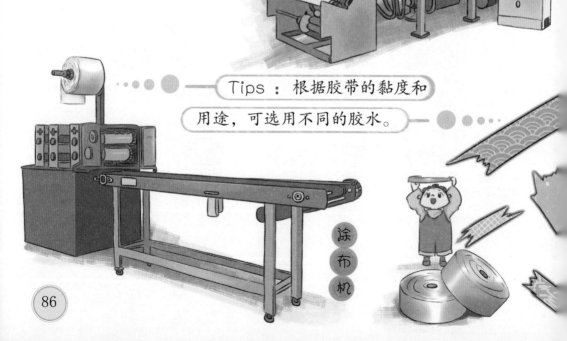

Tips：根据胶带的黏度和用途，可选用不同的胶水。

涂布机

7. 复卷

使用复卷机将大卷的塑料胶膜按照成品的长度进行复卷。

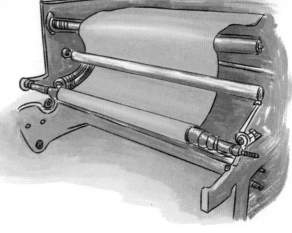

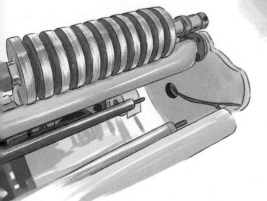

8. 切割

按照成品尺寸，使用分切机将复卷后的胶带切割。

Tips：决定胶带质量的两道工序是吹膜和涂布。

你知道吗？

透明胶带的发明至今不足百年。1928 年 5 月 30 日，德鲁开发出一种轻薄、易压合的黏合剂，后经改良成透明胶带。

如何去除余胶？

有时候，透明胶带没粘好，撕下来重新粘，或者粘久了不牢固，需要撕下来的时候，都会发现有余胶。如何去除黏糊糊的余胶呢？

1. 用酒精。用软布蘸取少量酒精，轻轻擦拭粘胶处。

2. 用汽油。用软布蘸取少量汽油，轻轻擦拭粘胶处。

3. 风油精。将风油精涂在粘胶处，一分钟后擦拭即可。

4. 除胶剂。除胶剂能够有效去除各类胶，如玻璃胶、双面胶、不干胶、吸塑胶等。

书的漂亮外衣——书皮的包法

2020 年上半年，持续几个月的新型冠状病毒给经济带来了巨大损失，也给人们的生活带来了很多不便。经历了漫长的假期之后，奇奇终于等到了开学。此前奇奇不是特别喜欢上学，但经历这一次的"居家隔离"后，他对按部就班的生活和学习有了新的认识。书包里装着满满的新书，他用鼻尖闻来闻去，新书的味道好极了！他拿出工具，开始给新书穿上漂亮的外衣。看到认真包书皮的奇奇，妈妈由衷地希望，奇奇能够珍惜光阴，热爱生活。

书皮是怎么包的呢？一起看看吧！

原料：剪刀、胶水、书皮纸、铅笔、直尺等。

普通包法

1. 剪裁

根据书的大小，用剪刀将书皮纸剪裁好。

Tips ：书皮纸的尺寸应超过书的两倍，上下左右各留 3 ~ 5 厘米的边缘。

2. 折痕

将书放到书皮纸的中间,将书皮纸按压在书的边缘、书脊,折出痕迹。

剪角

折角

3. 剪角

使用剪刀将书脊上下和书皮的四个角剪开,将角折进去。

4. 折叠

按照折痕把书包进去。

5. 粘贴

使用胶水将书的四个角粘贴好。

奇奇觉得，这种包书皮的方法太普通了。然后就让妈妈帮忙，要包出不同的样式。

封面口袋包法

步骤1和2同上。

3. 折角

将书皮纸的四个角折出三角形。

4. 翻折

将书皮纸翻过来，按照折痕折叠好。

5. 装书

将书的封面和封底的角插入到书皮纸中，整理平整即可。

包完的书皮，封面形成一个小口袋，可以放便笺纸、卡片等，十分方便。

书皮的装饰方法

1. 镂空法

将书皮的封面剪出一个漂亮的形状，显示出书名。

2. 衬纸法

将书皮封面剪出漂亮的形状，准备一张与封面大小相同的衬纸，涂上颜色或粘贴上彩纸后，放到书皮与封面中间。这样，书皮剪出的形状正好展现出衬纸的图案。

你知道吗？

书皮是在书的外层包上一层纸、布或者塑料膜，这样做不仅能够保护书籍，也是装帧的一种形式。

为了取用方便、节省时间，厂家生产出各种美观的塑料书皮。在采购塑料书皮时，要选择正规厂家的合格产品。不合格的塑料书皮中，含有大量增塑剂——邻苯二甲酯和多环芳烃。这两种化学物质对人体具有一定的危害。另外，塑料书皮容易导致白色污染，其自然分解需要几十年、上百年甚至更长的时间。

请和小伙伴们一起动脑、动手，共同打造一个"无塑开学季"吧！

以"印"为证——印泥的制作

奇奇的妈妈要加班，让奇奇放学后到她的公司等她。奇奇被妈妈安顿在公司的会议室里，边写作业边等妈妈。他看到会议桌上摆放着一个圆形的红色盒子。他好奇地打开来看，里面是红色的固体。他的手指按上去，结果手指被染成了红色。原来，他打开的是印泥。你使用过印泥吗？知道印泥是怎么制作出来的吗？

原料：蓖麻油、菜油、新鲜艾草枝、矿质朱砂、石钵。

1. 调油

将精选的蓖麻油和菜油按照一定的比例调和后，放入开口的陶瓷容器中。

2. 曝晒

陶瓷容器上加盖玻璃盖，放在户外曝晒。曝晒到一定程度后，便是印油。

Tips：一般需要经过 3 ～ 5 年之后，方可变成制作印泥的印油。

3. 修整艾草

　　将新鲜的艾草枝放在太阳底下自然晒干。挑出短小、易断部分，留下较长、坚韧的部分，并根据长短分类。

4. 制绒

　　将艾草去皮，放到粗糙的搓板上揉搓出艾绒。

5. 挑选朱砂

　　人工挑选出颜色鲜艳、光泽度好的整块矿质晶体朱砂备用。

6. 朱砂研磨

将精选的朱砂放在钵中，加水研磨。

Tips：朱砂研磨的细度必须达到一定标准。研磨过程中朱砂会逐渐分层，分别取上层和中层备用。

7. 朱砂晾干

研磨完的朱砂晾干后变成朱砂粉备用。

8. 油料加工

在印油中按照一定的比例加入添加剂，以达到印泥的质量要求。

9. 油砂混合

在朱砂粉中加入一定比例的印油及其他辅助颜料，倒入石钵中搅拌、研磨，形成色浆。

Tips：色浆要均匀细腻、不稠不稀才合格。

10. 捶拉入绒

色浆与艾绒按照一定的比例，放到石钵中，使用传统的人工捶拉法将其拌匀，融为一体。这样，印泥就制作好了。

你知道吗？

印泥是我国特有的文房用品，古代称为"丹泥""印朱"等。无论是历史文物还是金石书画，处处留下它的印记。现在，政府或企业的正式文件中，依然要使用印泥盖章或印手印才能生效。

印泥的使用由来已久。据考证，我国唐代的工匠就将水、蜂蜜和朱砂调和成印泥，把印章印在纸上。魏晋南北朝时，印泥得到了普及和发展。后来，由于朱砂容易脱落，到了明代，工艺进一步改良，工匠开始使用油调和朱砂，与我们今天使用的印泥工艺相近。

品质好的印泥能够保存较长时间，不发霉腐烂，不会变硬。根据原料和工艺的品质不同，印泥的价格从十几块钱至几百块钱不等。

2008 年，福建漳州的八宝印泥被列入国家级非物质文化遗产名录。

国家级非物质文化遗产
福建漳州八宝印泥

中华人民共和国国务院公布
中华人民共和国文化部颁发

文具的家园——书包的制作

因工作原因，奇奇的妈妈去邻国出差一个星期。回国后，奇奇收到了妈妈送给他的新书包。奇奇的书包是上一年级的时候，奶奶送给他的。那时候他个子小，书也不多。现在他快要升入四年级，原来的书包确实显得有点小了。听妈妈说，这个新书包非常贵，花了她半个月的工资呢！奇奇左看看、右看看，不知道这个书包到底贵在哪里。先看看书包的制作流程，再揭晓答案吧！

原料：人造皮革、线、拉链等。

1. 设计

书包的外形不同，使不同的书包具有不同的识别度。好的书包设计要具备美观、实用、省力等特征。

2. 选材

书包的材质在设计时就需要明确，如皮质、帆布等。在生产前，要对书包的面料进行筛选、采购。

3. 剪裁

根据设计图纸对书包的面料进行剪裁。这一过程可以由人工或机器完成。

Tips ：根据书包的不同部分进行剪裁，一般包括正面、背面、侧面、包盖、背带等部分。

4. 缝纫

按照质量要求，工人使用缝纫机对剪裁好的各部分进行缝纫。

Tips ：这一过程体现了工人的技术水平，缝纫使用的线、针脚的密度等都要满足质量要求。

5. 缝合

工人使用缝纫机将书包的各个部分缝合在一起。

6. 整合

使用缝纫机，将书包的整体进行缝合，并按照图纸在需要加固和造型的地方进一步加工。

7. 装配

将背带、手提带、拉链、魔术贴、滚轮等配件安装到书包上。

合格

8. 质检

质检员根据生产标准对书包的各个部分进行检查。

9. 包装和运输

工人给合格的书包套上防尘套，运输到商超和文具用品店。

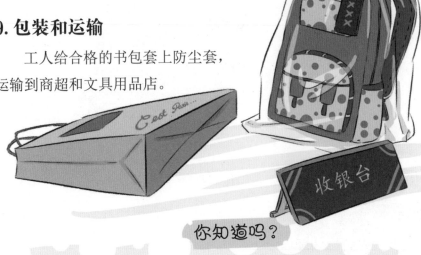

你知道吗？

书包是指用布或皮等材料制成的装书等学习用品的包。从材质上看，书包可分为涤纶书包、帆布书包、棉麻书包、真皮书包、PU书包等。从背包的形式上看，有单肩书包、双肩书包、拉杆书包等。

如何选用书包？

为了减轻负重，小学生一般选择双肩书包。优质的书包一般具有以下特点：

第一，工艺高超，做工整齐。没有脱线、跳线等，每一个针脚都很考究。

第二，面料上乘。同样面料、大小，选择整体重量较轻的为好。

第三，背包的后背结构合理，透气，背着舒适。

第四，书包肩带宽、厚，书包的承重力较大。

第五，设计美观，使用方便，耐用度高。

书包有哪些另类功能?

1. 防弹书包

为了确保学生的安全，美国研发出防弹书包。一旦出现枪击事件时，书包就是防弹盾牌。

2. 救生书包

日本研发出多功能救生书包。这种书包能够减轻车辆碰撞伤害，地震时可保护头部，落水时还能充当救生衣。

地震防护

落水救生

你的书包超重了吗?

根据有关研究，为了保证小学生的健康成长，书包重量不要超过体重的 10%。请你量一下你的体重和书包的重量，看看是否超标。

脚下的乐趣——足球的制作

奇奇一家很喜欢运动。每周六奇奇都跟爸爸、妈妈去体育场。奇奇约小伙伴们踢足球，爸爸和妈妈约朋友一起打羽毛球。只是，奇奇每次都要踢很久，总是在父母的再三催促下才回家。去年奇奇过生日的时候，爸爸送给他一个黑白图案的足球，他高兴了好几天。

奇奇很好奇，足球是怎么做成的呢？一起去看看吧！

原料：PU 材料、帆布、黏合剂等。

足球的制作分为内层和外层两部分。首先，我们先看看足球内层的制作。

1. 切割

将准备好的帆布按照设计的尺寸进行切割。

2. 重叠

将切割好的帆布整齐地叠在一起。

3. 烘干

将帆布挂到烘干室中进行烘干。

4. 切割

用切割机将帆布切割成大小相等的正五边形和正六边形。

5. 缝制

用机器将六边形和五边形拼接起来并缝制好。

Tips：足球一般是黑白色的，也有彩色的。但无论外观如何变化，足球都是由12个正五边形和20个正六边形组成的。

6. 翻转

将缝制好的帆布袋翻转过来。

7. 称量

将帆布袋放到秤上称重。

8. 嵌入气囊

手工将气囊放到帆布袋中。

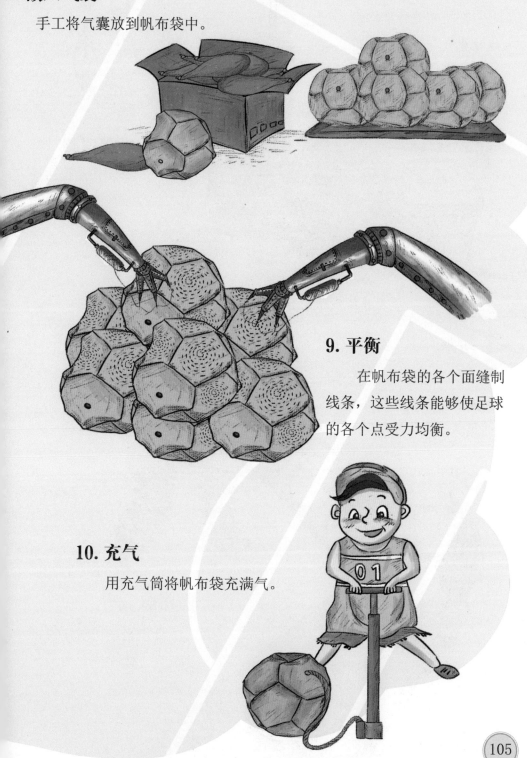

9. 平衡

在帆布袋的各个面缝制线条，这些线条能够使足球的各个点受力均衡。

10. 充气

用充气筒将帆布袋充满气。

11. 热膜

在帆布的外部均匀地喷涂上一层涂料，然后放到烘烤箱中加热。

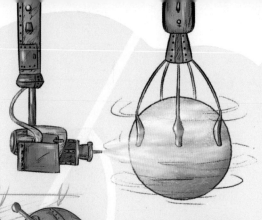

12. 金属探测

金属探测仪将检验圆球的各项技术指标。

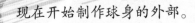

现在开始制作球身的外部。

1. 切割

机器将 PU 材料切割成预先设定的大小和形状，形成足球的外层皮面。

2. 印刷

印刷机在切割好的 PU 面上印上图案或文字。

3. 粘贴

PU 块按顺序排好，涂抹黏合剂再粘贴一层泡沫层。

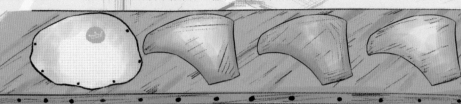

> Tips：一般泡沫层会比皮面的面积略大，因此粘贴好之后，要使用机器将多余的泡沫修剪掉。

4. 打孔

在固定的一片 PU 面上打一个用于充气的小孔。

5. 拼粘

使用黏合剂将足球的各片外层 PU 面粘贴起来。

> Tips：一般只拼粘足球的一半。

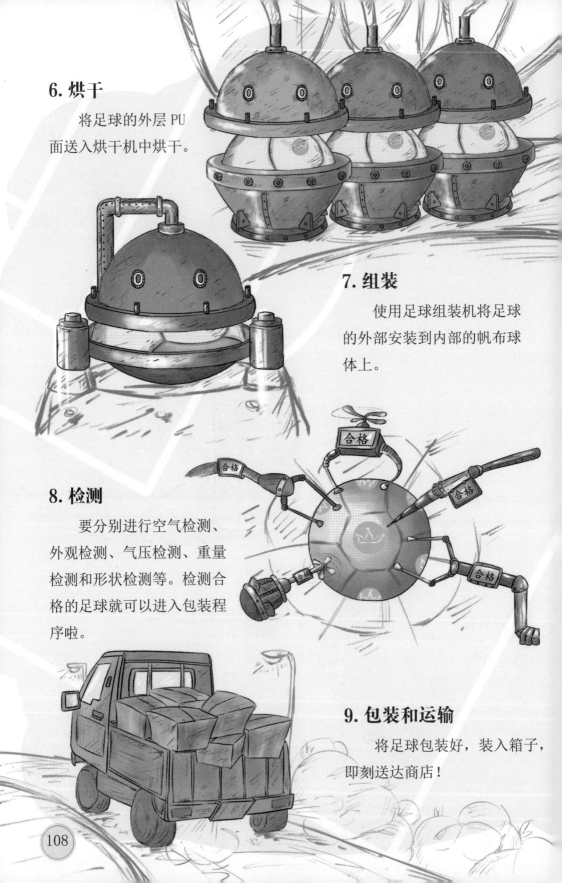

6. 烘干

将足球的外层 PU 面送入烘干机中烘干。

7. 组装

使用足球组装机将足球的外部安装到内部的帆布球体上。

8. 检测

要分别进行空气检测、外观检测、气压检测、重量检测和形状检测等。检测合格的足球就可以进入包装程序啦。

9. 包装和运输

将足球包装好，装入箱子，即刻送达商店！

足球是用于足球运动的一种器材。足球的发明与足球运动密不可分。足球运动是一项古老的体育活动，源于我国古代的球类游戏"蹴鞠"，后来传到欧洲发展为现代足球。到19世纪初，足球运动已经在当时的欧美和拉美国家十分盛行。

足球是由12个正五边形和20个正六边形组成的，无论图案如何变化，正五边形和正六边形的数量不会改变。正五边形的顶角是108度，而正六边形的顶角是120度，它们不能拼成平面，而能衔接成一个球体。

制作足球的皮块衔接处，会特意留出一条条缝隙。它们能使足球与空气之间产生更多的摩擦力，从而使足球在踢出的时候，既有速度，又有力量。

足球的充气原理

足球的充气原理与自行车的气嘴原理相同。气嘴是由两半橡胶柱构成的,外边有橡胶套,插上气针撑开两半的橡胶柱,直接打气,拔出来后,外边的橡胶套把两半橡胶柱夹紧了,这样就不漏气了。

足球的分类

根据制作的工艺,足球分为机缝、手缝和无缝压合。一般机缝足球价格偏低。

根据足球直径的大小,可分为 5 种类型:

①1 号球,直径 8 厘米,儿童玩耍用球。

②2 号球,直径 15 厘米,儿童玩耍用球。

③3 号球,直径 18 厘米,供青少年训练用球。

④4 号球,直径 19 厘米,5 人或 7 人场足球比赛用球。

⑤5 号球,直径 21.5 厘米,正规 11 人场足球比赛用球。

运动之美——羽毛球拍的制作

新学期开始了！奇奇和同学们在手机APP上选择自己感兴趣的选修课。体育课这学期也有几个选择：足球、羽毛球和游泳。虽然奇奇特别喜欢踢足球，但是他对从没玩过的羽毛球十分好奇。他想了想，点击了羽毛球。第一堂体育课上，老师要求大家准备羽毛球拍。奇奇这才知道，选购羽毛球拍也有大学问呢！羽毛球拍是怎么制作出来的呢？一起看看吧！

原料：碳纤维、环氧树脂（专利配方）、胶水（专利配方）、邻苯基苯酚（OPP）等。

羽毛球拍分为中杆、拍框等几个部分。我们先看一看中杆的制作流程。

1. 织布

无溶剂织纱机将碳纤维、环氧树脂和胶水热熔在一起，编织成布。

Tips：碳纤维类似钢筋，环氧树脂相当于水泥，它们编织在一起形成坚固的碳纱布。该步骤一般都是专利配方或商业机密。

2. 剪裁

根据工艺要求，将碳纱布裁剪成不同的角度，如30度、45度、90度、0度等。

3. 静置

将剪裁好的碳纱布静置三四天，待胶水完全挥发即可。

4. 卷杆

将柔软的碳纱布卷在铁芯上，使用工具将其挤压得圆润、光滑，这就是羽毛球拍中杆的雏形。

5. 邻苯基苯酚上料

将碳纱布卷制的中杆放到邻苯基苯酚上料机上，均匀地涂抹上邻苯基苯酚。

Tips：高温加热时，邻苯基苯酚会起到加温、加压的作用。

6. 定型

将中杆放入烤箱中加热定型。定型后，要将中杆内部的铁芯抽出。

Tips：中杆的品质是羽毛球拍的评价标准之一。

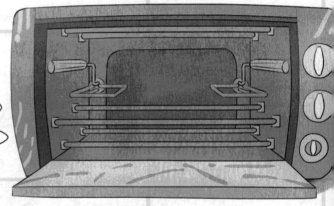

7. 初检

检测中杆的外观是否损伤，造型是否异常，重量及平衡点是否符合相关要求。每支羽毛球杆都要经过压力测试。

下面，我们再看看拍框是如何制作的。

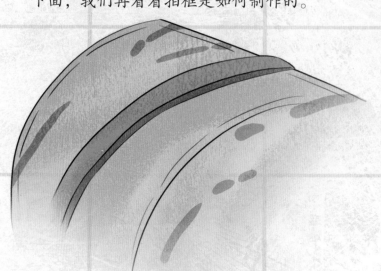

1. 叠框

工人在尼龙管的外部叠加纤维布，做出椭圆形的球框。

2. 穿管

将尼龙管穿过中杆，将两部分结合起来。结合处要包裹几层纤维纱，确保拍框不会折断。

3. 压膜

将拍框放到模具中压制成型。

4. 定型

使用烘烤机将拍框加热定型。

Tips：加热过程中，将尼龙管内填充空气，使拍框更好定型。

5. 品检

羽毛球拍雏形的品检项目很多，如称重、碰撞、疲劳、扭力等。

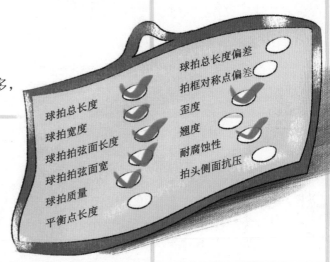

球拍总长度
球拍宽度
球拍拍弦面长度
球拍拍弦面宽
球拍质量
平衡点长度

球拍总长度偏差
拍框对称点偏差
歪度
翘度
耐腐蚀性
拍头侧面抗压

现在，羽毛球拍成型啦，我们要对整体进行加工。

1. 打磨

使用不同的砂纸多次打磨，边打磨边喷修补漆，修补表面的细毛孔。

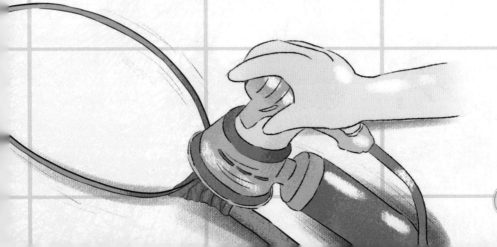

2. 钻线孔

机器在拍框上钻出分布均匀的线孔。

Tips：线孔分布均匀才能保证网面受力均匀。

3. 喷涂

无菌喷涂室内，流水线精准地控制着材料喷涂的密度、时间和温度，确保同规格产品的品质相同。

4. 贴标

人工将文字、花纹、企业商标等贴在球框上。

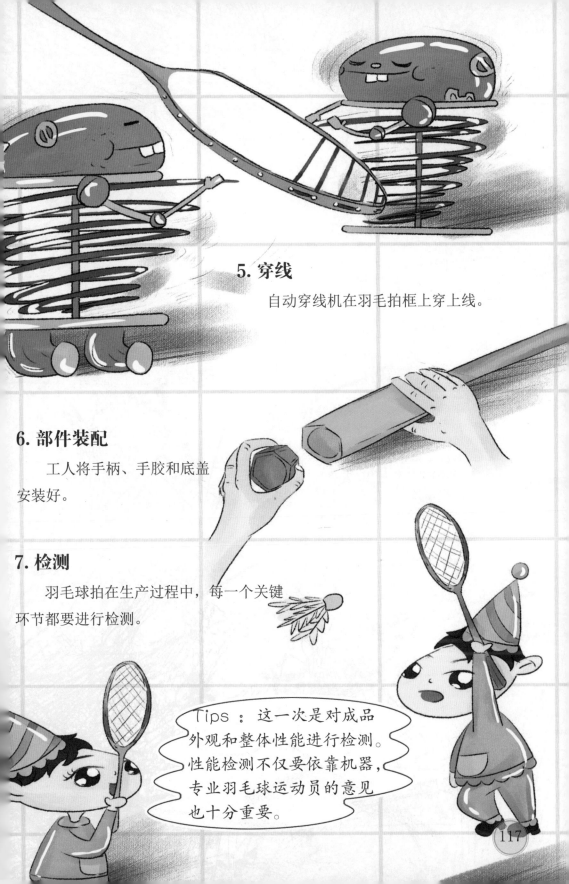

5. 穿线

自动穿线机在羽毛拍框上穿上线。

6. 部件装配

工人将手柄、手胶和底盖安装好。

7. 检测

羽毛球拍在生产过程中，每一个关键环节都要进行检测。

Tips：这一次是对成品外观和整体性能进行检测。性能检测不仅要依靠机器，专业羽毛球运动员的意见也十分重要。

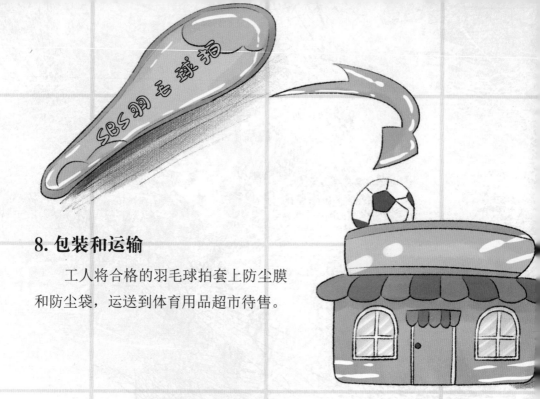

8. 包装和运输

工人将合格的羽毛球拍套上防尘膜和防尘袋，运送到体育用品超市待售。

你知道吗？

羽毛球拍是开展羽毛球运动的专用球拍。

羽毛球拍的长度

国际上对羽毛球拍的长度具有统一规定。标准羽毛球拍的长度不超过 68 厘米，其中球拍柄与球拍杆长度不超过 42 厘米，拍框长度不超过 25 厘米，宽为 20 厘米。

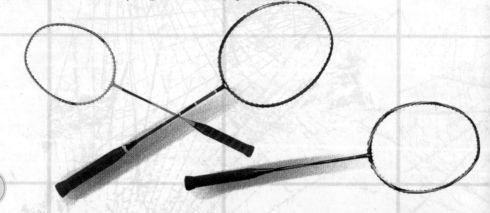

随着科学技术的发展，球拍的重量越来越轻，拍框越来越硬，拍杆的弹性越来越好，这些技术的进步，有利于减少空气阻力，更好地开展羽毛球运动。

● 羽毛球拍的材料

随着科学技术的发展，羽毛球拍的制作材料不断创新，有碳纤维、钛合金、高强度碳纤维等。这些新材料的使用，使羽毛球拍更轻、更强、更耐用。另外，羽毛球拍制作商也不断加强球拍的外观设计，使其在运动中更具美感。

● 羽毛球拍中的高科技

为了更好地监测和提高专业羽毛球队员的技术水平，制造商在羽毛球拍内嵌入智能芯片，用来捕捉运动员的所有动作，转化成量化指标，如挥拍的速度、力度、角度和击球点等。然后通过数据分析，开展有针对性的训练，帮助运动员提高球技。

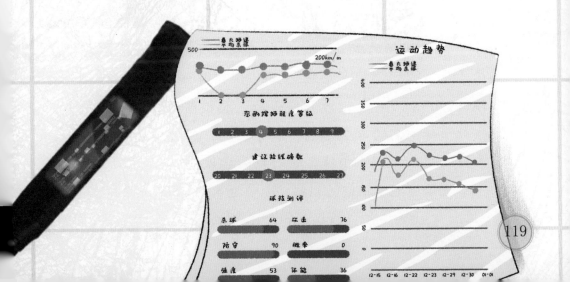

● 羽毛球拍上的数字

购买的羽毛球拍上，一般会有一些数字和字母组合。它们是什么含义呢？

1. 羽毛球锥柄上仅有一个较大的阿拉伯数字，代表该产品的销售地区。比如"4"代表中国香港及东南亚地区，"5"代表中国大陆地区，"3"代表北美地区等。

2. 羽毛球拍型号后面的英文字母，代表该拍的技术指标。如 Long，表示加长型球拍，这种球拍比普通球拍的拍杆长 10mm。Power，表示加力型球拍，可以较小的力量击出高攻击力的球。Light，轻型球拍，一般重量为 3U（详见下文）。

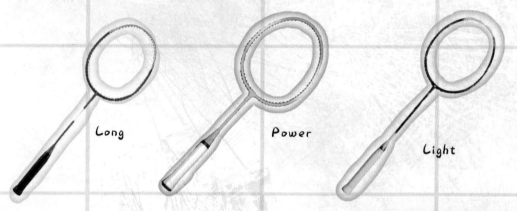

3. 以某羽毛球拍为例，看看数字和字母的意义。

2U：表示球拍的重量。每一 U 相当于 4 克，2U 意为较 100 克减少两个 4 克，即球拍的重量为 96 克。

16 ~ 20lbs：lbs 是指球拍穿线后，拍框所承受的线的拉力。一般来说，数值越高意为磅数越高，利于杀球，但打起来也更累。数值越低意为磅数越低，利于吊球，击打较为轻便。

G：表示羽毛球拍柄的粗细，一般为 4G 和 5G。5G 适合手大的人使用。数字越大表示拍柄越粗。

7~9kg：表示羽毛球球拍承重范围，跟 lbs 的含义接近。

你学会了吗？请你观察以下数据的含义，判断该球拍和上述球拍，哪个适合杀球，哪个适合吊球？（不考虑材质等其他因素）

羽毛球运动中，除了需要球拍，还需要羽毛球。羽毛球是极易损耗的体育器材，它是怎么做成的呢？我们简单了解一下。

半边毛

刀翎毛

窝翎毛

1. 取毛

羽毛球的原料是鹅身上的羽毛。将鹅的翅膀打开，由外向内数，第 1 ～ 3 根为半边毛，做低档球；第 4 ～ 10 根为刀翎毛，做中高档球；第 11 ～ 16 根为窝翎毛，做低档球。

2. 分拣

工人将羽毛按照品质分为一级、二级、三级、四级和废毛，分别堆放。

121

3. 测定

用电脑测量羽毛的粗细、颜色、弯度、拱度等技术指标，确保羽毛球飞行稳定性。

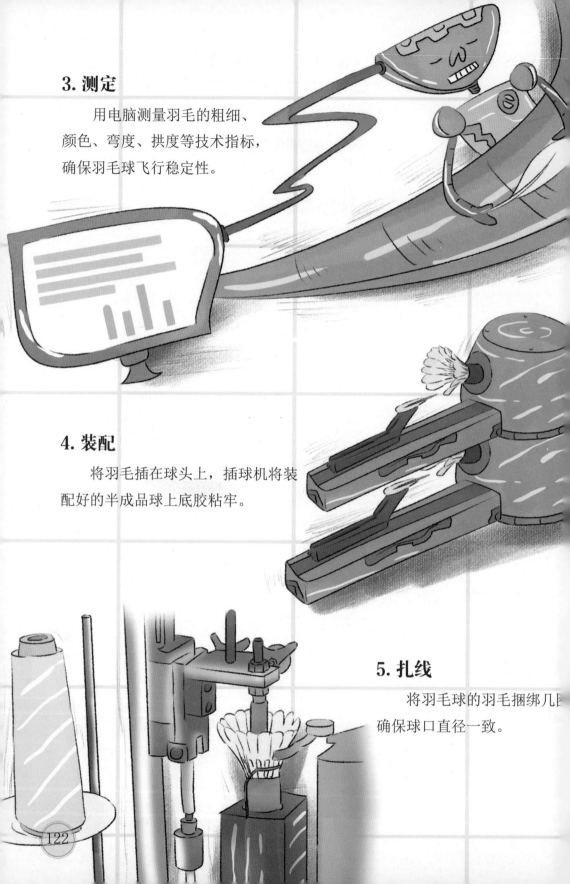

4. 装配

将羽毛插在球头上，插球机将装配好的半成品球上底胶粘牢。

5. 扎线

将羽毛球的羽毛捆绑几[圈，]确保球口直径一致。

6. 滚胶

机器将树脂胶压注到两条线圈内，提高羽毛球的耐打度。

7. 整理

工人理顺每一根羽毛，并给羽毛球贴上胶带，使其更加美观。

8. 检验

根据国家标准，检验羽毛球的飞行稳定性和速度。

9. 包装和出售

合格的羽毛球进行包装后，就被运送到体育用品店出售啦。

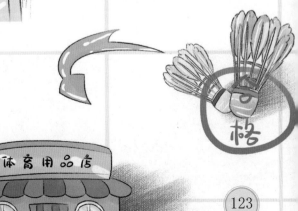

机器大脑 —— 计算机的发展

计算机是一种可以根据指令完成很多工作的电子机器，具有不同的尺寸和外形。

这种计算机叫作台式计算机。

平板电脑和智能手机也属于计算机。

很多设备中都有小型嵌入式计算机，如汽车、数码相机等。

这是一台口袋大小的单反相机。

什么是编程

为计算机编写指令的活动称为编程。一段编写好的指令集叫作程序。大多数计算机中存储着事先编写好的程序。如果你学会了编程，就可以编写属于自己的程序，比如画图程序。

切换程序

当你让计算机切换程序时，它就会停止执行当下程序，而去执行其他程序。

计算机本身和它的附属配件如鼠标、键盘等，都属于硬件。

画图程序

1.画一个戴潜水镜的头。

2.画一个穿潜水服的身体。

3.画两只戴脚蹼的脚。

区分硬件和软件的方法很简单……

记事本
时钟
计算器

在计算机上运行的程序属于软件。

平板电脑和智能手机上的程序被称为应用，即我们常说的APP。

为什么使用计算机?

计算机擅长完成庞大的、复杂的和重复性强的工作。它不会像人脑一样遗忘，除非发生故障。

计算机有哪些缺点?

计算机的聪明程度取决于它的程序。如果程序错误，那它就会错到离谱。

计算机的历史只有短短不到一百年。但自从它诞生后，人们的生活和工作方式，就被彻底地改变了。下面是计算机发展历史中的一些重要事件。

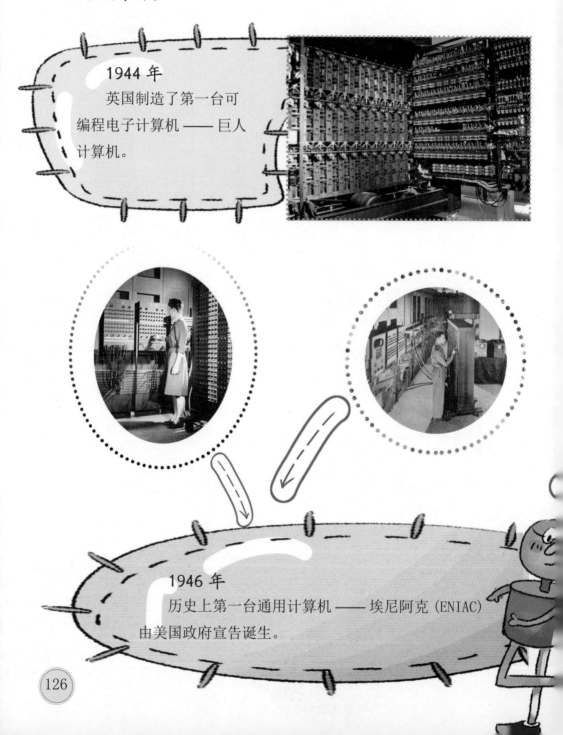

1944 年
英国制造了第一台可编程电子计算机——巨人计算机。

1946 年
历史上第一台通用计算机——埃尼阿克（ENIAC）由美国政府宣告诞生。

1951 年

第一台商用计算机——李昂电子办公室在英国问世，它通过网络来安排蛋糕配送服务。

1958 年

电子计算器问世，其中有一些可编程的计算器相当于计算机了。

1964 年

基础计算机语言——BASIC 诞生了。同年问世的还有鼠标和显示器。

20 世纪 80 年代

个人计算机（PC）的销量不断增加。今天，计算机已经成为我们工作和学习的重要工具。

今天，我们用计算机工作和学习。

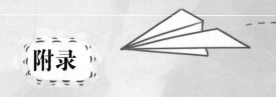

附录

1. 第15页：钻石刀轮

用于切割钢笔尖的钻石刀轮属于高精度仪器，刀身比头发丝还薄，锋利无比。钻石刀轮的加工难度高，世界上只有少数几家厂商能够生产这种仪器。钻石刀轮多用于切割玻璃，比如汽车玻璃、液晶显示屏、显微镜等。

1. 第53页：树脂材料

广义上说，树脂是指用于加工制作塑料制品的高分子化合物原料。树脂可以分为天然树脂和合成树脂。天然树脂是指自然界中动植物分泌出的有机物质，如松香、琥珀、虫胶等。合成树脂是指由简单有机物经化学合成或某些天然物质经化学反应而得到的树脂产物，如聚氯乙烯树脂等。目前塑料主要使用合成树脂。树脂受热后会软化或熔融，在外力作用下可以流动。